# 盐穴储气库建设项目投资管理及控制

丁国生　完颜祺琪　罗天宝　等编著

石油工业出版社

## 内容提要

本书在介绍国内外盐穴储气库发展历程及现状、储气库建设与运营特点的基础上，通过有针对性地梳理盐穴储气库项目投资体系及构成，分析论证盐穴储气库工程投资估算编制的编制依据、要求、步骤及编制方法，对盐穴储气库工程投资控制措施制定的基础进行分析解剖，提出盐穴储气库工程投资控制措施。

本书可供从事地下盐穴储气库工作的科研人员、工程技术人员、管理人员、决策者、投资人及高等院校相关专业的师生参考。

## 图书在版编目（CIP）数据

盐穴储气库建设项目投资管理及控制 / 丁国生等编著 . —北京：石油工业出版社，2019.11
ISBN 978-7-5183-3731-6

Ⅰ . 盐…　Ⅱ .①丁…　Ⅲ .①地下储气库 – 基本建设项目 – 投资管理　Ⅳ .① TE972 ② F284

中国版本图书馆 CIP 数据核字（2019）第 241685 号


出版发行：石油工业出版社
　　　　　（北京安定门外安华里 2 区 1 号　100011）
　　　　　网　址：www.petropub.com
　　　　　编辑部：（010）64523535
　　　　　图书营销中心：（010）64523633
经　　销：全国新华书店
印　　刷：北京中石油彩色印刷有限责任公司

2019 年 11 月第 1 版　2019 年 11 月第 1 次印刷
880×1230 毫米　开本：1/32　印张：6.625
字数：130 千字

定价：48.00 元
（如出现印装质量问题，我社图书营销中心负责调换）
**版权所有，翻印必究**

# 前　言

　　1961 年，美国密歇根州 Marysville 附近的莫顿 16 号盐穴被用来储存天然气，开启了世界盐穴储气库建设的先河。2004 年中国第一座盐穴储气库——金坛盐穴储气库从老腔改建入手，拉开了中国盐穴储气库建设的序幕。随着中国天然气产业的快速发展，盐穴储气库建设也进入快速发展时期，除中国石油、中国石化、港华燃气有限公司等企业在金坛盐矿按计划实施各自的盐穴储气库建设项目外，中国石油的淮安盐穴储气库、楚州盐穴储气库、平顶山盐穴储气库建设先导性工程即将启动，中国石化的江汉（黄场）盐穴储气库进入开工建设阶段。另外，云南省、江西省也分别在积极推进安宁盐穴储气库、樟树盐穴储气库建设项目的实施。

　　中国盐穴储气库建设已经走过 10 多年的发展历程，已建成地下盐穴储气库群 3 座，工作气量超过 $7 \times 10^{8} m^{3}$，形成了包括老腔改建储气库成套技术、造腔工艺技术和多项特色技术构成的基本配套的盐穴储气库建库技术系列。但我国层状盐岩地质条件下腔体形态控制难、成腔效率低、老腔改造利用难等问题未得到根本性解决，严重制约盐穴储气库建设项目投资的有效控制。为了适应中国盐穴储气库建设快速发展的要求，为了提高我国盐穴储气库建设项目的投资效益，有效降低单位工作气量的投资，通过有针对性地梳理盐穴储气库项目投资体系及构成，分析论证盐穴储气库工程投资估算编制的编制依据、要求、步骤及编制方法，对盐穴储气库工程投资控制措施制定的基础进行分析解剖，提出盐穴储气库工程投资控制措施。期望本书的出版，可为提高中国盐穴储气库建设项目投资管理与控制水平提供借鉴。

全书共分六章，第一章由丁国生、李康、冉莉娜编写，第二章由完颜祺琪、垢艳侠、李东旭编写，第三章由丁国生、垢艳侠编写，第四章和第五章由罗天宝、任魁、冉莉娜、张志方、程风华、王凡、李芬梅编写，第六章由完颜祺琪、罗天宝、张志方、程风华、王凡、李芬梅编写，全书由李东旭负责统稿。

本书涉及盐穴储气库建库技术、造价、项目管理等专业内容，由于编者的水平有限，本书难免存在一些缺陷和不足，敬请读者批评指正。

编者

2019 年 8 月

# 目　录

# 第一章　盐穴储气库概论

　　盐穴储气库是采用人工的方式在地下盐层或盐丘中水溶形成的用于储存天然气的盐穴及与之相配套的各类设施的总称，其核心设施是地下盐穴（图1-1）。

图1-1　盐穴储气库示意图

　　1座盐穴储气库可以由1个或多个储气盐腔构成。单个储气盐腔的建设大致包括四个步骤：一是利用钻井方式建立地面到地下盐层或盐丘的通道，并将注水和采卤管柱下到盐层适当位置；二是通过注水管柱持续将淡水注入地下盐层或盐丘，淡水溶漓盐岩后逐渐达到饱和或近饱和，再通过采卤管柱持续将盐水（卤水）提汲到地面，从而在地下盐层或盐丘中形成一定形状和体积的盐穴腔体；三是在造腔工作完成后，通过压缩机将天然气注入盐穴排出腔体卤水，将天然气储存在盐腔中；四是在地面完成安装采气树及地面管线等后，盐穴储气库将从建设阶段进入运行阶段。

一般而言，在应急及调峰需求大的地区，1 座盐穴储气库均由多个储气盐腔组成。目前，中国盐穴储气库的建设受卤水处理能力的限制，通常采取分期分批建设方式，最终在规划的建库区，建成由几个或几十个储气盐腔组成的盐穴储气库。

# 第一节　国外盐穴储气库建设概况

## 一、盐穴储气库建设已有 50 多年的历史

早在 1916 年 8 月，德国人 Erdol 获得了地下盐穴储存技术的专利，但盐穴用于储存天然气已是 45 年以后的事情。1961 年，美国密歇根州 Marysville 附近的 1 个废弃盐穴——莫顿 16 号盐穴被用来储存天然气，开启了世界盐穴储气库建设的先河。

20 世纪 60—70 年代，除美国外，加拿大、亚美尼亚、法国、德国、英国也开始建设盐穴储气库。1963 年，加拿大在萨斯喀彻温省的梅尔维尔建成了加拿大的首座盐穴储气库；1968 年，苏联在 Abovian 建成亚美尼亚的第一座盐穴储气库；1968 年，法国第一座盐穴储气库 Tersanne 开始建设，1970 年建成投产；1970 年，德国的第一座盐穴储

气库 Kiel-Roenne 在基尔附近的 Honigsee 盐丘建成投产；1974 年，英国的第一座盐穴储气库 Hill Top Farm 建成投产。此阶段，上述 6 个国家建成盐穴储气库 20 余座，主要集中在德国、加拿大和美国，其中德国建成的盐穴储气库的工作气量约占全球的 70%。

20 世纪 80—90 年代，丹麦、波兰也开展了盐穴储气库的建设。1986 年，丹麦的第一座盐穴储气库 Lille Torup 建成投产；1997 年，波兰的第一座盐穴储气库 Mogilno 建成投产。此阶段建成的盐穴储气库集中分布在美国、德国和加拿大，其中美国此阶段新建盐穴储气库 20 座左右，工作气量约 $55 \times 10^8 m^3$；德国此阶段新建盐穴储气库 10 座左右，工作气量约 $35 \times 10^8 m^3$。

进入 21 世纪，葡萄牙、白罗斯、荷兰、俄罗斯、土耳其也开始建设盐穴储气库。2006 年，葡萄牙首座盐穴储气库 Carrico 建成投产；2008 年，白罗斯首座盐穴储气库 Mozyrskoye 建成投产；2011 年 1 月，荷兰首座盐穴储气库 Energystock 在格罗宁根省建成投产；2013 年，俄罗斯首座盐穴储气库 Kaliningradskoe 建成投产；2017 年，土耳其首座盐穴储气库 TuzGolu 建成投产。在此阶段，进行盐穴储气库建设虽有 13 个国家，但新建的盐穴储气库主要集中在美国和德国，其新建盐穴储气库的工作气量约占本阶段全球新建盐穴储气库工作气量的 80%。另外，目前国外大约有 10 座盐穴储气库正在建设中，主要分布在美国、俄罗斯、德国和英国。

## 二、目前在运行的盐穴储气库集中在北美和欧洲

根据国际天然气联盟（IGU）资料统计，截至 2018 年底，全球 100 座在运行的盐穴储气库分布在美国、加拿大、德国、英国、法国、波兰、葡萄牙、荷兰、丹麦、俄罗斯、白罗斯、土耳其、亚美尼亚和中国等 14 个国家（图 1-2）。

北美的美国、加拿大目前在运行的地下盐穴储气库 48 座，占全球在运行盐穴储气库的 48%；欧洲在运行的 48 个盐穴储气库分布在德国、英国、法国等 9 个国家，占全球在运行盐穴储气库的 48%；亚洲在运行的盐穴储气库仅 4 座（分布在土耳其、亚美尼亚和中国）。

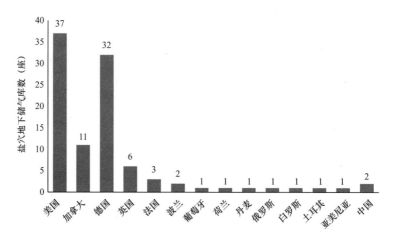

图 1-2　全球在运行盐穴储气库座数及分布

从国外盐穴储气库的工作气量看（图 1-3），美国和德国盐穴储气库的工作气量均超过 $140 \times 10^8 m^3$。盐穴储气库的工作气量超过 $10 \times 10^8 m^3$ 的国家还有英国、法国与土耳其。

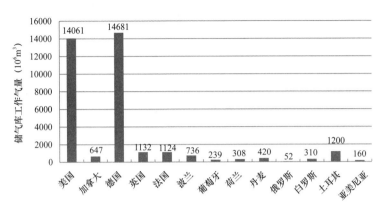

图 1-3　国外在运行盐穴储气库工作气量及分布

## 三、盐穴储气库的建设方兴未艾

根据 IGU 资料统计，截至 2018 年底，国外计划建设的盐穴储气库共 52 座（图 1-4），分布在 11 个国家。其中目前尚无盐穴储气库的阿尔巴尼亚、波黑及西班牙也将计划建设盐穴储气库。

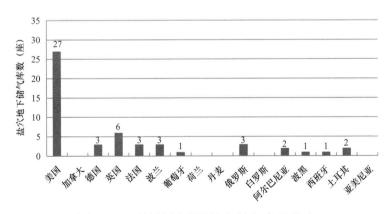

图 1-4　国外计划建设盐穴储气库的分布

据不完全统计，美国、英国、土耳其、德国、俄罗斯和阿尔巴尼亚计划建设的盐穴储气库的工作气量均超过 $10 \times 10^8 m^3$。

美国计划建设盐穴储气库 27 座，5 座计划建设的盐穴储气库累计工作气量 $18.36 \times 10^8 m^3$，其他 22 座数据暂缺，若按上述 5 座的工作气量估算，美国计划建设的 27 座盐穴储气库的累计工作气量近百亿立方米。

近年，土耳其盐穴储气库建设力度大，工作气量 $10 \times 10^8 \sim 12 \times 10^8 m^3$ 的 TuzGolu 盐穴储气库已建成投产，已计划建设 TuzGolu（扩建）和 Tarsus 盐穴储气库，新建工作气量 $90 \times 10^8 m^3$。预计未来土耳其的盐穴储气库工作气量将达到 $100 \times 10^8 m^3$。

英国计划新建的 5 座盐穴储气库的工作气量达 $35 \times 10^8 m^3$，其中 Gateway 盐穴储气库工作气量达 $15.2 \times 10^8 m^3$。预计未来英国的盐穴储气库工作气量将达到近 $50 \times 10^8 m^3$。

盐穴储气库大国德国计划新建的 3 座盐穴储气库工作气量为 $27.3 \times 10^8 m^3$，其中 Etzel-STORAG 盐穴储气库工作气量达 $22 \times 10^8 m^3$，未来德国仍将是全球盐穴储气库工作气量仅次于美国的国家。

目前，俄罗斯盐穴储气库工作气量仅 $0.52 \times 10^8 m^3$，正建的 2 座盐穴储气库工作气量 $3.7 \times 10^8 m^3$，计划建设的 3 座盐穴储气库工作气量 $12.34 \times 10^8 m^3$。预计未来盐穴储气库在俄罗斯储气库中的地位将进一步提升。

阿尔巴尼亚、波黑、西班牙也计划建设盐穴储气库。其中阿尔巴尼亚计划建设的 2 座盐穴储气库工作气量将达到 $12 \times 10^8 \mathrm{m}^3$。

## 四、盐穴储气库工作气和采气能力增长快

根据 IGU 统计数据分析，2009 年以来不同类型地下储气库工作气量和最大日采气能力均有增长，其中盐穴储气库增幅最大。

2018 年与 2009 年相比，盐穴储气库工作气量增加 $198 \times 10^8 \mathrm{m}^3$，增幅达 122.22%（图 1-5），平均年增长 13.58%。

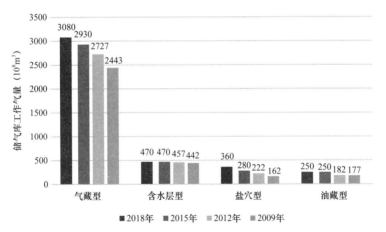

图 1-5　地下储气库工作气量增长对比图

2018 年与 2012 年相比，盐穴储气库最大日采气能力增长 $9.28 \times 10^8 \mathrm{m}^3$，增幅达 94.2%（图 1-6），平均年增长 15.7%。

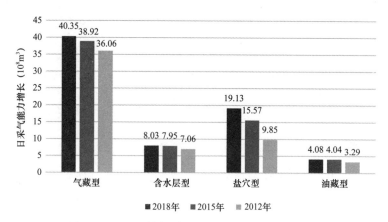

图 1-6　地下储气库日采气能力增长对比图

2018 年盐穴储气库新增最大日采气能力占各类储气库新增最大日采气能力的 60.3%。

### 五、盐穴储气库的单腔有效容积已突破 $60 \times 10^4 m^3$

2011 年 1 月建成投产的荷兰 Energystock 盐穴储气库包括 4 个溶腔，单腔容积达到 $50 \times 10^4 m^3$；2017 年投产的土耳其 TuzGolu 盐穴储气库，已建成注采井 12 口，累计工作气量 $10 \times 10^8 \sim 12 \times 10^8 m^3$，单腔有效容积最大达到 $63 \times 10^4 m^3$。

# 第二节　中国盐穴储气库的发展历程及现状

## 一、中国盐穴储气库发展历程

（1）以西气东输为契机，选择金坛盐矿作为盐穴建库目标。

1999 年，将塔里木盆地的天然气输往长江三角洲的西气东输资源论证工作启动，作为西气东输管道工程及配套项目的长江三角洲储气库研究工作也成为西气东输管道工程研究的内容之一。由于利用长江三角洲地区的枯竭气藏改建储气库不能满足该区应急及调峰的需求，故利用该区丰富的盐岩矿床建设盐穴储气库就成为必然选择。1999—2000 年，在借鉴学习欧美盐穴储气库选址评价经验的基础上，通过对西气东输管道沿线盐岩矿床的调查和初步评价，2001 年 4 月完成了"长江三角洲地区地下储气库可行性研究"，选择江苏金坛盐矿和安徽定远盐矿作为西气东输工程配套储气库的建库目标。通过进一步研究比选，认为江苏金坛盐矿建库条件明显优于安徽定远盐矿，且金坛盐矿建库资源可以满足西气东输管道长江三角洲市场应急和调峰的需求。2004 年中国石油最终确定，选择金坛盐矿作为西气东输管道工程配套项目盐穴储气库建库目标。至此，中国盐穴储气库从研究论证阶段进入建设阶段。

（2）金坛储气库老腔改造工程先行，加速了盐穴储气库进程。

为了加快金坛储气库的建设，采用已有采卤溶腔改造建库和钻新井溶新腔建库两种建库方式。由于钻新井溶新腔建库周期长，为了尽快形成应急调峰能力，金坛储气库老腔改造工程先行成为必然选择。

2004 年确定对已筛选的 6 个老腔进行改造。2004 年 4 月，金坛盐矿老腔改建盐穴储气库的工程开始施工，应用全井套铣的方法将原采卤井的生产套管全部取出，用扩眼钻头扩眼后，重新下入新的生产套管固井，成功改造老腔用于储气采气。到 2007 年 9 月，完成了 5 个老腔的改造工作（1 个老腔因试压不合格，放弃），建成库容 $10700 \times 10^4 m^3$、工作气量 $5000 \times 10^4 m^3$、日注气能力 $240 \times 10^4 m^3$、日采气能力 $300 \times 10^4 m^3$、应急采气能力 $1200 \times 10^4 m^3/d$。5 个老腔改建的盐穴储气库在 2008 年迎峰度夏和上游 111 阀室停产改造中发挥了重要作用。

另外，中盐金坛盐化有限责任公司已在金坛盐矿完成了茅 15 和茅 16 井老腔改建储气库的工作。

利用老腔改建储气库的成功实施，加快了中国盐穴储气库的投产进度，为西气东输管道调峰及应急提供了保障。

（3）金资 1 井造腔先导型试验启动，标志中国盐穴储气库正式开建。

为全面评价金坛盐矿建库潜力，2003 年在金坛市直溪桥镇附近钻探了金资 1 井。金资 1 井完钻井深 1269m，在井深 978.41m 钻遇盐岩，在井深 1169.67m 钻穿盐层，含盐层视厚度 191.69m。

2005 年 1 月在金资 1 井开展造腔先导型试验。2005 年 1 月 23 日开始使用快速造腔工具进行腔体建槽施工，累计造腔 71 天，造腔体积达到 $5328m^3$，之后使用金资 1 井常规造腔工艺流程进行造腔施工，于 2007 年 11 月 23 日完成造腔，声呐检测腔体体积 $11.7 \times 10^4 m^3$。

为了提高造腔速度，积累造腔经验，金资 1 井使用了快速造腔建槽技术。造腔采用正循环方式，使用喷嘴和软管两种工具，用柴油作垫层来保护腔顶，建槽期结束时造腔体积 $5255m^3$。

建槽期结束后，金资 1 井即进入使用常规造腔工艺流程造腔施工阶段。金资 1 井是金坛储气库第一口造腔试验井，由于在造腔施工过程中阻溶剂界面没有控制到位，使得腔体顶面过于平坦。加之金资 1 井不溶物含量较高，造腔过程中残渣堆积过快，最终形成的腔体形状和体积都与原设计有较大的偏差。

尽管金资 1 井造腔先导型试验效果不理想，但给金坛储气库新井造腔施工提供了宝贵的经验。

造腔完成后，2009 年金资 1 井完成注气排卤，2010 年 12 月投入生产，成为金坛盐穴储气库第一个投入注采运行的新井新腔。

（4）金坛储气库新井钻探相继实施，造腔工程全面展开。

2005 年 5 月，金坛储气库建设一期部署的 14 口井相继开钻，2006 年 8 月全部完钻，井身质量均达到建库的要求。2006 年 11 月，中国石油与法国 Geostock 公司合作，开始实施 14 口新井造腔工程。至此，中国盐穴储气库的核心设施建设全面展开。

2010 年 4 月二期部署的新井钻井工程开始实施，到 2015 年 8 月，完成了二期一阶段 29 口井的钻井工程。完钻的新井也相继进入造腔阶段。

（5）云应盐矿、淮安盐矿造腔先导型试验的成功实施，为复杂层状盐层建库奠定了基础。

为了有效利用多夹层、薄盐层、低品位盐岩矿床建库资源，在云应盐矿开展了单井造腔先导性试验和双井眼造腔试验。

2012年12月18日至2015年3月28日，在云应盐矿YK-1进行单井单腔建槽试验。试验结果表明，多夹层、薄盐层、低品位盐岩矿床可以利用水溶方式建造有效的盐腔，但成腔率偏低，造腔速度慢。

2014年6月24日至2015年4月3日，在云应盐矿YK-2-26A和YK-2-26B开展双井眼加快造腔速度试验。两口井相距11m左右，通过先单井建槽，再连通建槽方式造腔。试验结果表明，YK-2-26井组在单井排量相同的情况下造腔形成的日有效体积为YK-1井的1.7倍，可见双井眼造腔速度明显加快。

为了有效利用含厚夹层的盐岩资源建库，在淮安盐矿开展了厚夹层造腔先导性试验。

2014年1月6日至2014年11月15日，在淮安盐矿HK-1井开展厚夹层造腔先导性试验。HK-1井4盐层和6盐层之间发育一套约10m后的夹层，造腔先导性试验计划在厚夹层上部的4盐层、下部的6盐层分别建槽，研究厚夹层的可溶性或垮塌性。试验结果表明，下部6盐层建槽完成后，厚夹层底部大面积裸露，进入上部4盐层建槽阶段，受卤水浸泡及重力作用，厚夹层发生了大面积垮塌，证实 10m 左右的厚夹层在造腔阶段可以垮塌。

上述先导性实验的成功实施，证实复杂薄层状盐层及含厚夹层的盐层建库在技术上是可行的。

## 二、中国盐穴储气库的建设现状

### （一）金坛已成为中国盐穴储气库之都

2005 年，西气东输第一座盐穴储气库——中国石油金坛储气库开工建设。我国盐穴储气库历经近 20 年的发展，截至 2018 年底，已建地下盐穴储气库群 3 座。

中国石油 2004 年启动金坛盐穴储气库的建设，经过 10 多年的建设，截至 2018 年底，已在金坛完成老腔改造 5 座，建成库容 $1.07 \times 10^8 m^3$，工作气量 $5000 \times 10^4 m^3$；完成新井钻探 46 口，完成 23 口新井造腔，正在进行造腔 23 口；已投入注采的盐腔 28 座（其中老腔 5 座，新腔 23 座），形成工作气量 $6.6 \times 10^8 m^3$；累计注气超过 $30 \times 10^8 m^3$，累计采气超过 $21 \times 10^8 m^3$。

中国石化 2012 年在金坛盐矿 JT1 井开始造腔试验，启动了中国石化金坛盐穴储气库建设。2016 年 5 月茅资 1 井、J103 井正式投产，标志中国石化金坛盐穴储气库进入生产运行阶段。经过 6 年的建设，截至 2017 年底，完成新井钻探 25 口，造腔工作全面展开；已建成库容超过 $9000 \times 10^4 m^3$，形成工作气量约 $5300 \times 10^4 m^3$。中国石化金坛储气库设计储气库井 36 口，库容 $11.79 \times 10^8 m^3$，工作气量 $7.23 \times 10^8 m^3$，预计 2025 年全面建成。

香港中华煤气有限公司与中盐金坛盐化有限责任公司共同投资建设的港华金坛储气库于 2013 年立项，2014 年 11 月开始建设，项目投资 10.45 亿元，分二期实施，计划新建溶腔 7 口、利用老腔 3 口。项目规划 2020 年建成，建成库容 $3.785 \times 10^8 m^3$，形成工作气量 $2.175 \times 10^8 m^3$。目前已完成 2 口老腔改建储气库的工作，腔体有效体积 $36 \times 10^4 m^3$。

经过石油企业、盐化企业及城市燃气企业的共同努力，金坛已成为中国盐穴储气库之都。

## （二）已形成了基本配套的盐穴储气库建库技术系列

### 1. 老腔改建储气库成套技术

金坛储气库建设初期，为了加快储气库建设，尽快在西气东输管道运行中发挥调峰和应急作用，尝试利用中盐采卤过程中形成的老腔改建储气库。2003 年开始进行筛选、检测、评价及改造等工作，2007 年改造完成 5 个老腔。基本形成了老腔筛选、评价、改造等配套技术（图 1-7）。

### 1）老腔筛选技术

老腔筛选过程要考虑地质条件、腔体条件和地面条件。地质条件主要考虑腔体是否远离断层、盖层是否密封。腔体条件主要考虑腔体体积、井口距离、是否压裂、采卤期间是否发生事故，以及腔体的几何形态等。地面条件主要考虑井口是否邻近村落、学校及医院等人口密集区，井口改造是否利于施工。

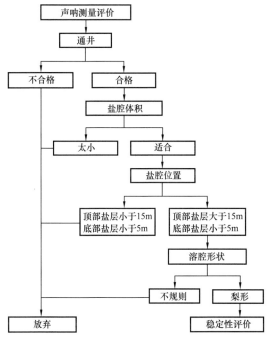

图 1-7 老腔筛选评价基本流程

2）老腔评价技术

老腔评价是通过对筛选出的老腔依次开展水试压测试、气密封测试、声呐测试和稳定性评价等工作，以确定老腔腔体的密封性和稳定性。水试压测试技术是通过监测注入水流量和压力随时间变化情况，以低成本、方便快捷的方式初步判断腔体密封性。气密封测试技术是对水试压测试合格的腔体，注入空气监测压力变化情况，监测测试期间通过气体的泄漏量来进一步评价腔体的密封性。声呐测试技术是通过下入声呐测试仪器，测定腔体的形态与体积，判断腔体的形态与有效储气空间。稳定性评价是在声呐测试的腔体形态基础上，模拟腔体在实际注采工况下的应力应变分布，以判断腔体是否结构稳定，以确定合理运行方式。通过水试压测试、气密封测试、声呐测试、稳定性评价合格的老腔，可进行下一步老腔改造施工。

3）老腔改造技术

老腔改造技术包括井筒改造技术和腔体修复技术。

井筒改造技术：已有老腔通常存在套管变形及腐蚀严重、固井质量差、密封条件差、井筒注采吞吐量小等问题，一般不具备直接转为注采气井的条件，目前常采用全井套铣和封老井钻新井这两种方案对老腔进行改造。

腔体修复技术：若老腔形态不规则，部分层段存在进一步溶腔空间，可采用天然气回溶修复技术。该技术的要点是将天然气当作阻溶剂从井筒环形空间注入，并将气水界面控制在腔壁不规则段以上，之后通过注水与排卤进行进一步溶腔。使用该技术可对不规则造腔形状进行修复，提升腔体的有效储气空间，进一步提高腔体的稳定性。

2.造腔工艺技术

目前欧美普遍采用的造腔工艺技术是单井双管加油垫造腔，即钻一口单井，在生产套管固井后，下入内外两层造腔管柱，循环造腔。该工艺具有操作相对简单、腔体形状易控制、盐岩利用充分、声呐测腔方便的优点。

中国石油在金坛储气库采用的是直井双管加油垫造腔法，该技术在引进消化国外技术的基础上进行了改进和再创新。

金坛盐穴储气库造腔采用单井单腔的形式，即钻一口直井造一个溶腔，具有成本低和安全性高等特点。

金坛盐穴储气库采用自下而上分段溶漓的方法控制腔体形态，溶腔某一阶段腔体形态达到设计要求后，需提升中间管和中心管，进行下一阶段造腔。溶腔过程中，采用油垫法控制腔体快速上溶，保护顶板。声呐法检测腔体形态，声呐测腔结果可作为下步造腔方案调整的依据，通常声呐测腔次数 6～9 次，如遇造腔情况复杂，声呐测腔次数可适当增加。

为了获得大排量、低泵压和采出卤水浓度高的造腔工艺要求，同时也与 $9^5/_8$in 生产套管相匹配，结合中国常用管材的实际情况，金坛盐穴储气库造腔管柱组合为"7in 中间管 +$4^1/_2$in 中心管"。

金坛等地已普遍应用此管柱组合造腔，不仅具有正、反循环造腔都较合理的特点，同时还具有以下优点：中心管直径大，有利于大排量注水采卤，缩短建腔周期；相同排量下，大直径管内压力较小，由此引起的水击及振动现象大大降低，有利于提高管柱寿命，降低事故风险；中间管和中心管间隙较大，有利于造腔内管和造腔外管的起下作业。

自 2006 年以来，中国石油西气东输管道公司利用此项技术造腔近 50 个，造腔成功率达到 100%。

3. 形成多项特色技术

1）氮气测试腔体密封性技术

盐穴储气库腔体密封检测在中国尚无先例，在国外也没有统一的方法和检测标准。目前，国外在腔体试压方面主要是向生产套管中注入柴油，通过检测油水界面是否移动来判断盐腔的密封性。基于上述方法，并充分考虑中国盐层及井腔的实际情况，西气东输金坛储气库对盐腔气密封检测方法进行了改进和创新。具体做法是向生产套管中注入氮气至指定深度，定时测量气液界面深度及记录井口压力，并依据上述数据计算井筒内的气体漏失率，从而判断盐腔的密封性是否达标。

采用氮气测试腔体密封性的技术具有现场操作性强、试压费用低、评价结果准确等特点。

2）光纤实时连续测量油水界面技术

国外造腔过程中油水界面的监测主要采用中子法，测量精度高，但单次测量的费用较高。由于中国主要是在层状盐岩中造腔，需要精细控制油水界面，监测的频率比国外要高，因而致使采用中子法监测的成本很高。西气东输金坛储气库造腔过程中多采用地面观察法、电阻率与中子法相结合的方式进行垫层的监测，但成本仍然较高，且稳定性差，不能完全满足油水界面监控的需要。基于此，西气东输金坛储气库研发了采用光纤实时连续测量油水界面的技术。该技术要点：将包含电缆和光纤的外铠固定在造腔外管上，并随之一起下入井筒中；在井口通过电缆可以对井筒中外铠周围的柴油或卤水加热，而光纤则可以将不同深度上液体的温度上传至井口温度测试仪；由于柴油和卤水的导热性不同，在相同的加热条件下，二者的温度变化也不同，因而致使油水界面上下的温度差异较明显，温度产生明显差异的深度就是油水界面深度。该技术成本低、可靠性好，已成功应用于数口造腔井，并长时间保持良好的工作状态，界面深度误差小于 0.5 m。

3）高效注气排卤技术

注气排卤完井的常规方法是注气管柱、排卤管柱分别选用 $\phi177.8mm$、$\phi114.3mm$ 的油管，注气排卤完毕后带压起出 $\phi114.3mm$ 排卤管柱，导致注气排卤速度慢，如体积 $20 \times 10^4 m^3$ 的腔体排卤时间超过 4 个月，且排卤期间排卤管柱易堵塞。经过多年研究与实践，金坛储气库拟采取简化的注气排卤完井管柱，即取消 $\phi114.3mm$ 的排卤管柱，直接通过 $\phi244.5mm$ 套管环空注气、$\phi177.8mm$ 油管采卤。$\phi177.8mm$ 油管下部安装有丢手，注气排卤完毕，将丢手以下的油管直接丢落于腔体内，丢手以上的油管作为注采管柱。与常规注气排卤管柱尺寸相比，简化后的注气排卤工艺的注气和排卤管柱尺寸均增大，既可以提高排卤速度，又可以解决排卤管柱的堵塞问题。同时，由于取消了带压起 $\phi114.3mm$ 的排卤管柱作业，降低了管柱投资和作业成本。

4）连续油管排卤技术

盐穴储气库在注气排卤过程中，由于排卤管柱不能下入腔体的最深处，因此在完成注气排卤后，在腔体的底部留有较多的卤水，由于腔体和管柱直径大小不等，使得腔体有效体积造成浪费。为了在注气排卤后最大限度地排出剩余卤水，在完成注气排卤后，再利用连续油管插入腔体底部，抽出剩余卤水，提高腔体利用率。使用 $\phi76.2mm$ 连续油管，在 15MPa 井口压力的情况下，每小时可排出卤水 $50\sim60m^3$，既可以排出腔内残余卤水，又可以避免常规注气排卤因气液界面低于排卤管柱而产生井喷事故，安全高效。

5）夹层处理技术

中国盐穴储气库造腔层段夹层发育，其厚度几十厘米至十几米不等，因此夹层处理工艺对造腔过程具有重大影响。夹层溶蚀效果的好坏直接决定腔体的形状，如果夹层未被溶蚀，会在夹层上部形成二次造腔，造成盐层段体积损失。夹层类型不同，造腔过程中所采取的应对措施也不相同。针对薄夹层，主要考虑腔顶油垫厚度不能太大，油水界面、造腔管柱距薄夹层必须有一定距离。针对厚夹层，当夹层中含有大量裂缝且被盐岩填充时，主要采用使夹层自然垮塌的方法。首先在夹层下部建造足够大的腔体，然后上提造腔管柱和油水界面在夹层上部造腔，当夹层裂缝内填充的盐岩被溶解时，夹层就会在重力的作用下发生垮塌。

（三）一批盐穴储气库项目建设已启动或即将启动

淮安盐穴储气库位于江苏省淮安市淮阴区赵集镇。为满足淮安盐穴储气库建设可行性研究的需要，2011—2012年完成 $35km^2$ 高精度三维地震和 2 口储气库资料井。2014年初启动 HK-1 井造腔先导性试验，证实 10m 左右的夹层在造腔阶段可以垮塌，表明在含 10m 左右夹层盐岩段造腔具有可行性和可操作性。为解决淮安盐穴储气库薄盐层建库效率较低的问题，目前正筹备开展水平井造腔先导试验。

楚州盐穴储气库位于江苏省淮安市淮安区（原楚州区）。为满足楚州盐穴储气库可行性研究的需要，2013—2014 年完成了 180km 二维地震和 2 口储气库资料井。为推进楚州地区老腔改造工作，在前期老腔筛选、水试压、稳定性评价的基础上，储气库项目部优选出蒋南矿区的安 24—安 25 连通井组进行复杂连通老腔改造试验。2018 年，安 24A 排卤井成功钻探，首次揭示了复杂连通老腔中部形态，符合设计预期，准备在时机成熟时启动该老腔改造利用工作。同时为解决楚州盐穴储气库多套有利建库层段被巨厚夹层（30m）分隔、盐层利用率低的问题，目前正筹备开展单井双腔造腔先导试验。

江汉盐穴（黄场）储气库位于湖北省潜江市黄场盐矿王 58 井区。2006 年，中国石化决定启动江汉盐穴（黄场）储气库建设先导性工作。2008 年钻探了王储 1 井，完钻井深 2110m，全井气密性试验结果证实，套管压力稳定，气液界面变化 0.35m，全井密封性良好。随后又相继在黄场盐矿王 58 井区钻探 3 口储气库专项试验井。先导试验证实，黄场盐矿潜二段构造简单、盐层发育良好，具备建设盐穴储气库的地质条件。江汉（黄场）盐穴储气库规划建设总库容 $48.09 \times 10^8 m^3$，建成有效工作气量 $28.04 \times 10^8 m^3$，其中一期一阶段投产后库容量达 $2.37 \times 10^8 m^3$，预计 2020

年年底建成投产。

平顶山盐穴储气库位于河南省平顶山市叶县。为满足平顶山盐穴储气库建设可行性研究的需要，2009—2013 年完成 70km$^2$ 高精度三维地震，完成 4 口储气库资料井或评价井。目前平顶山盐穴储气库可行性研究工作已基本完成，预计其建设工程即将启动。为解决平顶山储气库造腔周期长、建设投资高等问题，目前正筹备开展大井眼、双井造腔试验。

随着上述盐穴储气库项目建设工程的不断向前推进，中国盐穴储气库的建设将进入快速发展阶段。

# 参 考 文 献

丁国生，张昱文，等，2010.盐穴地下储气库［M］.北京：石油工业出版社.

华爱刚，李建中，卢林生，1999.天然气地下储气库［M］.北京：石油工业出版社.

徐孜俊，班凡生，2015.多夹层盐穴储气库造腔技术问题及对策［J］.现代盐化工，（2）：10–14.

完颜祺琪，丁国生，赵岩，等，2018.盐穴型地下储气库建库评价关键技术及其应用［J］.天然气工业，38（5）：111–117.

杨海军，2017.中国盐穴储气库建设关键技术及挑战［J］.油气储运，36（7）：747–753.

# 第二章　盐穴储气库建设与运行

受盐穴储气库建造原理的制约，盐穴储气库的建库流程、设计、施工及运行等与油气藏型及含水层型地下储气库存在明显的差异，独有的建库特点及复杂的建库条件直接影响盐穴储气库建设投资管理及控制。

## 第一节　盐穴储气库建造原理及建库流程

### 一、盐穴储气库建造原理

盐岩的主要成分为 NaCl，钠盐易溶于水，盐穴储气库水溶造腔就是利用盐岩这种物理性质，根据水溶采矿的原理，采用水溶淋洗方式完成。

利用钻井方式钻达盐床内部，建立地面到地下盐层或盐丘的通道，将淡水（地表水或地下水）用泵通过造腔管柱注入盐层，水洗溶盐后产生的卤水经过循环管柱被采出地面，在地面对卤水加工利用或处理（排入大海或盐湖、回注地下）。在人工控制的情况下持续地溶漓，盐层中水洗溶盐形成的空间逐渐扩大，最终形成达到设计要求的地下盐穴。地下盐穴形成后，向盐穴中注入天然气，将卤水驱替出来，盐穴储气库即可进入正常注采运行阶段。

## 二、盐穴储气库建库流程

盐穴储气库建库是项复杂的系统工程，涉及地质、钻采、造腔、注气排卤及配套地面设施建设等方面。

盐穴储气库的建造一般包括建库目标评价及库址的确定、建库方案设计、储气库施工建设等环节。

### （一）建库目标评价及库址确定

首先，在盐矿预查、普查和详查的基础上，开展盐矿地质构造，含盐地层的沉积特征，盐矿空间展布，含盐地层中夹层展布，含盐地层顶底地层的密封性，与盐体有关的断裂特征，盐层内部夹层的性质和展布，盐层中不溶物的类型及组成，以及不溶物含量对储气库建设影响等评价与分析，初步确定建库区域；然后根据盐矿构造、盖层、夹层评价结果及盐体分布、盐岩品位、储量规模、地表条件等因素，在盐矿区选择构造相对平缓、断层少、顶底板密闭稳定、盐层厚度大、品位高、埋藏适中和地表条件好的区块作为建库区块。盐穴储气库目标库址的筛选工作要全方位考虑，既要考虑盐矿所在的地理位置、区域地质背景，又要考虑盐矿本身的地质特征。为了寻找和选择适宜的建库目标，库址筛选和评价应综合考虑地理区位、地质特征等因素（图2-1）。

1.地理区位

（1）避开人口和建（构）筑物密集区。

中国盐岩矿床普遍具有夹层多、杂质高、盐层薄等特

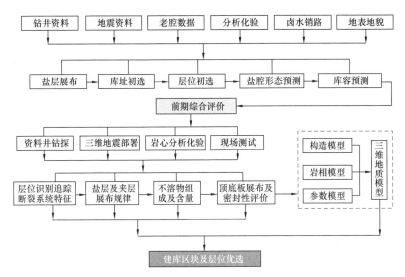

图 2-1 储气库选址与地质评价关键技术流程

征，增加了天然气渗漏和地表沉陷的风险。鉴于安全性考虑，盐穴储气库的建设应避开人口和建筑物密集区，避免发生天然气泄漏、地面沉降等危害人民生命和财产安全的事故。另外，盐穴储气库选址也应避开有重大建（构）筑物的地区，以免腔体收缩可能引起地表沉陷，从而影响建（构）筑物的稳定性和安全性，避免造成巨大的经济损失和社会影响。

（2）库址应与用户集中地和长输管道的距离较近。

一般盐穴储气库地理位置以调峰半径不超过 150km 左右为宜，距离用户集中地不超过 100km 左右为宜，距离长输管道的距离也不宜超过 100km。储气库与用户的距离除了考虑经济因素外，还要考虑安全因素，避免储气库库址选择在较强的地震断裂带上和地质灾害多发区域。如金坛储气库位于江苏省金坛区直溪镇，距离南京市约 100km，常州市约 45km，丹阳市约 26km，金坛区约 30km。金坛储气库工艺站场至西气东输镇江分输站的输气管道长度约为 34.8km。

（3）建库区应距淡水水源地较近。

盐穴储气库造腔过程中需要大量的淡水资源，因此，建库区域的选择应充分考虑地下水、湖水、河水、渠水等水源中的新鲜水的可获得性和获取成本。若建库地点距离水源较远，将会增加储气库的造腔成本。

2. 地质特征

1）盐矿基本地质条件满足建库需要

（1）盐矿规模较大。

一般而言，盐岩矿床的分布范围越大，建库区域可选择的范围也大，储气库的建设规模也越大，储气库建设的单位投资就越小。此外，盐层的厚度越大，储气库的盐腔体积就越大，在相同埋深下的库容量就越大。

（2）盐层深度适中。

一般情况，为了保证盐穴储气库的储气量，同时又兼顾经济因素，盐穴储气库的埋深一般不超过 2000m，理想的深度为 800～1500m。盐层埋藏过深会引起钻井费用和建库投资的增加。同时，在地层深部，由于压力和温度都比较高，盐层的可塑性和流动性较强，将导致盐腔的稳定性变差。但盐层埋藏过浅，则会限制盐穴储气库的运行压力，最终影响盐穴储气库的储气量。

（3）盐矿品位较高。

盐岩矿物的品位越高、盐层内部夹层越少、不溶物含量越小，储气库造腔的速度就越快，在相同盐层厚度下，所形成的盐腔有效体积就越大，盐腔形态也越容易控制，储气库的安全性能也就越好。一般认为，建设盐穴储气库所能接受的最低盐矿品位是60%。

（4）夹层少而薄。

盐岩中水不溶物夹层的存在减缓了盐腔内流体的运动，导致盐腔的流体不能充分地通过循环管柱与外界的淡水进行交换，降低了盐岩的溶蚀速度，增加了盐穴储气库造腔的时间。夹层主要以垮塌为主，垮塌不仅会侧向撞击造腔管柱，导致管柱弯曲变形和接箍损坏，而且不溶物在卤水中浸泡膨胀，极大地影响了盐腔的整体有效体积。此外，夹层的存在，破坏了盐腔边界的连续性，影响盐穴储气库水溶形态的发展变化，不利于盐腔形态的控制。

2）盐矿区域构造活动性相对较弱

若盐岩沉积区域的地质构造活动相对较弱、构造平缓、断层不发育，则整个地层的沉积就平稳，造腔形成的盐穴形态较容易控制，有利于提升腔体的稳定性和密闭性，可降低地质评价的勘探投资和储气库建设投资。反之，可能导致成腔形状不规则，并对腔体的稳定性和密闭性产生不利影响。

3）盐岩矿床顶、底板密封性较好

盐岩矿床顶、底板厚度和性质直接影响储气库的安全性和密闭性。

盐腔顶部与顶板之间应有足够的距离。岩石盖层和盐岩层的力学性质存在很大差异，如果盐腔顶部和顶板之间的距离过小，储气库在运行过程中盐腔内压力交替变化会导致盖层和盐岩层受力不均匀，产生变形差异，引起盖层和盐岩层之间产生裂缝，危及地下储气库的安全。

盐腔底部与底板之间也应保留适当的距离。储气库在运行过程中盐腔内压力交替变化，盐岩的蠕变会导致盐腔变形，影响底板的稳定性，盐腔底部与底板之间的厚度过小将对储气库的安全性和密闭性产生不利影响。

为确保储气库的安全性和密封性，在设计造腔段有效厚度时，一般在盐腔顶部与顶板之间预留不小于30m的盐层；同时为了防止盐腔的压力交替变化和盐腔变形影响到底板的稳定性，盐腔底部与底板之间的预留盐层一般不小于5m。

4）矿区水文地质条件有利

如果盖层中的地下水与地面水系连通，则比较容易形成天然气的泄漏通道，导致盐腔密闭性失效。因此，在建设盐穴储气库之前，应充分了解矿区内水文地质特征，防止储气库建设过程中盐腔地面塌陷和钻井过程中固井套管破坏，以及造腔过程卤水进入地下水污染含水层，避免储气库运行过程中引发天然气泄漏事故。

（二）建库方案设计

建库方案设计包括储气库建设地质方案及工程方案，其设计基本流程如图2-2所示。

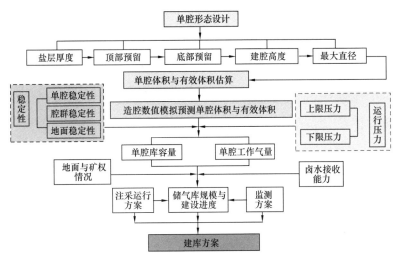

图 2-2　建库方案设计基本流程

## 1. 地质方案

通常称为建库方案或方案设计，包括地质设计和腔体设计。

地质设计应遵循：盐穴的井位应远离与含盐地层及盖层有关的主要断裂系统，一般情况下，距断层的距离应大于盐腔半径 2.5 倍以上；盐穴顶部应预留一定厚度的盐岩作为腔体顶板，顶板厚度应根据腔体密封性和稳定性综合评价；上限压力一般不高于最小主应力的 80%；注采井地质设计应根据地质资料进行风险评估并提出安全措施；井位设计后应到现场进行勘察核实。

腔体设计应遵循：按相关标准进行腔体围岩及上覆岩层工程力学特性分析，并应进行盐岩蠕变参数测试与数据分析；根据盐穴稳定性分析和造腔数值模拟的结果确定腔体的形态及尺寸、盐岩蠕变参数、损伤区域、上限压力和下限压力、井间距及套管鞋下入深度；对库群运行中地表沉降进行预测。

在地质设计和腔体设计的基础上，提出建库区总体部署设计及井位部署方案。

2. 工程方案

工程方案包括钻完井工程方案、造腔工程方案、注采气排卤工艺、地面工程方案。

钻完井工程方案：包括井身结构、套管程序、钻井液设计、钻机选择、固井液设计、水泥浆配方等。井身结构设计应满足注采气能力要求及造腔工程需要；套管程序要满足钻井施工安全的需要，其中生产套管应满足气密封的要求，且在强度设计上应考虑盐层蠕变以及注采气过程所产生的交变应力的影响；盐岩段钻井需采用饱和盐水钻井液体系，盐岩段固井需采用饱和盐水水泥浆体系；钻至设计井深后需对井筒进行气体试压，试验压力不低于气库上限压力的 1.1 倍；各开固井水泥需返至井口。

造腔工程方案：包括造腔工艺设计、造腔过程控制等。造腔工艺设计包括造腔管柱组合设计、循环方式、管柱提升次数、排量的确定、垫层顶板保护等。造腔管柱组合对控制盐腔形态、控制造腔速度具有重要的作用，我国通常采用 7in 造腔外管 +$4\frac{1}{2}$in 造腔内管的同心管结构，该管柱组合管径相对应的最大排量为 140m³/h；循环方式、管柱提升次数、排量等对造腔效率、腔体形态控制及卤水浓度有直接的影响，在满足腔体设计要求的基础上，尽可能提高造腔效率和卤水浓度，优化设计循环方式、管柱提升次数、排量的大小；垫层顶板保护对有效控制腔体形态、保护顶板的密封性极其重要，应优化垫层材料、注入量和厚度。造腔过程控制包括压力控制、垫层控制、造腔管柱控制、盐穴体积和形态监测、注入水和卤水控制等。

注采气排卤工艺：包括注采及排卤管柱设计、注气排卤设计等。注采及排卤管柱设计必须考虑井下异常情况高压气流的快速控制、井内流体对套管和油管的腐蚀、满足强注强采的需要、注采管柱的寿命、注气排卤完成后不压井作业起出排卤管柱等。注气排卤设计应根据盐穴上限压力、注采管柱及排卤管柱直径以及排卤出口压力等参数确定最大排卤流量；应对井口注气压力、排卤出口压力、井口注气流量、排卤流量、气液界面、天然气泄漏的监测等提出要求；应在地面设计天然气分离设备，去除卤水中的天然气；应提出防止排卤管和地面排卤管汇盐重结晶的措施等。

地面工程方案：包括场站选择及平面布置、注采工艺、注气压缩机、辅助系统等。场站选择及平面布置应避开地震断裂带、塌陷区等；注采站和造腔采卤站尽量靠近注采气井；满足防洪、防火、环保、安全等要求；在遵循现行设计规范、满足工艺流程的前提下，场站尽可能紧凑布置，建（构）筑物能合建的尽量合建。注采工艺应进行危险及可操作性分析，注采气单井应设置自动高、低压紧急截断阀，进出井场的天然气管道应设立自动（手动）截断阀，注采气单井应设计计量设施，采气系统应采取防止水合物形成的措施等。注气压缩机设计需满足不同阶段注气工况工艺的要求，机组选配需遵循适用、经济、操作维护方便、可靠性强的原则。辅助系统设计应符合 GB 50251 的相关规定，自动监测系统应支持上一级监测系统并与之兼容，紧急截断及火气报警系统与工艺系统宜分别设置，场站及井场应设置视频监控、报警系统，场站及井场巡检的进出口应设置消除静电设施等。

（三）储气库施工建设

盐穴储气库一般由多个单腔构成，每个单腔建造通常按钻完井、造腔、注气排卤、注采井口安装等步骤进行。

1. 钻完井工程

在地下盐岩矿床中建造盐穴，首先需要完成建立连接地面和地下盐矿的通道，即钻 1 口或 2 口钻达造腔层段底部的井，造腔井段井眼应尽可能保持垂直。根据设计方案钻至设计深度后，下入套管固井，下气密封套管应使用扭矩检测装置，固井要求水泥浆返至地面，盐层顶板及以上100m 的固井质量必须达到良好等级，固井后的气密封试压压力不低于气库上限压力的 1.1 倍。试压合格后在套管内从外向内依次下入中间管和中心管，然后安装造腔井口装置。

## 2. 造腔工程

盐穴建造的主要工作就是造腔。当在选定的库址上完成钻完井工程后进入造腔阶段。造腔是储气库建设中耗时最长、工艺最复杂的环节。造腔是一个有控制的水溶采卤过程，在采卤管柱下到盐层内以后，由高压大排量离心泵，通过地面管汇和采卤管柱，将淡水注入盐层，溶解盐层后形成卤水，再返回地面利用或排放，不间断地注入淡水和返出卤水，在盐层中便形成越来越大可供储存天然气的空间。根据淋洗阶段的不同，主要划分为建槽期（一般所需时间为盐穴储气库造腔周期的 10% 左右）、造腔期和封顶期 3 个时期。为了建造形态稳定的盐腔，造腔初期和末期采用正循环，其余大部分时间采用反循环，在造腔不同阶段及时调整管柱下入深度、阻溶剂界面位置、注入淡水排量。在造腔过程中要对盐腔形态和体积、垫层界面位置进行检测。盐腔形态和体积检测采用声呐测量技术来完成，在建槽期、造腔期和封顶期均要进行声呐测量，及时掌握盐腔形态和体积在整个造腔过程中的变化，进而及时调整控制施工参数。垫层界面位置的检测通常采用油（气）水界面测量仪对界面深度进行监测，控制和调整垫层到适当的位置。造腔结束后，进行盐腔气密封试验。气密封检测合格后，起出井内管柱，下入排卤管柱，安装井口后即进入注气排卤施工阶段。

目前，我国盐穴储气库均采用单井对流法水溶造腔，即在盐层中钻一口井，井中下入造腔内管和造腔外管，造腔管柱组合为直径 177.8mm 的造腔外管 + 直径 114.3mm 的造腔内管,以正循环和反循环相结合的方式,建造体积 $20 \times 10^4 \sim 25 \times 10^4 m^3$ 的盐腔需要 3~5 年。

### 3. 注气排卤

注气排卤是通过生产套管和采卤套管之间的环形空间将天然气注入盐穴中,从而通过排卤管置换出盐穴中的卤水,其目的是排出盐腔中的卤水,储存天然气。

注气排卤的基本流程是:打开排卤管井口闸阀,将经过压缩机加压后的高压天然气通过生产套管和采卤套管之间的环形空间注入盐腔中,随着天然气的不断注入,卤水将通过排卤管不断排出,气水界面逐渐下降,当气水界面下降至排卤管鞋处时,注气排卤作业完成。

注气排卤作业过程中应控制压力,生产套管鞋处的压力不应大于盐穴运行上限压力;因盐穴中的卤水为饱和卤水,为防止盐重结晶堵塞排卤管柱,应定期采用淡水冲洗排卤管及地面排卤管汇系统;一旦发现排卤管柱损坏,应立即停止注气,采用不压井作业,更换新的排卤管柱。

注气排卤结束后,盐腔内充满天然气,通常采用不压井作业起出排卤管柱。

### 4. 注采井口安装

注气排卤作业结束后,从井内起出排卤管柱,安装注采天然气井口。一般根据盐穴储气库注采和注气运行的最高井口压力选择合适的注采气井口装置。注采井口装置应在注气排卤井口装置基础上进行调整，更换一些已被腐蚀或磨损的部件，试压合格后方可投入使用。

一般而言，注气排卤作业完成后，注入盐腔中天然气总量尚未达到设计库容。在注采井口装置安装试压后合格后，可继续注气，为盐穴储气库的投产运行奠定基础。

## 第二节　盐穴储气库建设及运行特点

盐穴储气库的建设对我国非油气主产区的天然气消费市场而言极其重要，与枯竭油气藏储气库和含水层地下储气库相比，盐穴储气库建设与运行具有独有的特点。

### 一、造腔和注气排卤是盐穴储气库建设独有的施工流程

盐穴储气库建设涉及地质评价选址、钻完井、造腔、注气排卤及配套地面设施建设等流程。盐穴储气库地质评价选址、钻完井技术、配套地面设施建设虽与油气藏及含水层型储气库的建设施工工艺存在一定差异，但也是油气藏及含水层型储气库建设的基本流程。而盐穴储气库建设流程及施工工艺与枯竭油气藏及含水层型储气库不同之处主要体现在造腔和注气排卤工程。

盐穴储气库一般由多个单腔构成，每个单腔需要按钻完井、造腔、注气排卤、注采井口安装等步骤进行。

## 二、全过程检测在盐穴储气库建设中必不可少

工程检测贯穿于盐穴储气库建设的全过程。盐穴储气库建造时不仅需要利用"淋洗"方式在盐岩层溶漓形成储气空间，而且还需确保储气空间的密闭性，因此盐穴储气库在腔体形成前需进行管柱密闭性检测及地层密闭性检测，保障溶腔过程中腔体的密闭性和稳定性；溶腔过程中，因盐岩上溶速度大于侧溶速度，所以需通过在注卤管柱外环空间注入柴油或氮气作为阻溶剂，在盐腔顶部形成一定厚度的垫层，控制溶腔顶界，即对井筒内的油水界面进行控制，避免盐层过度溶蚀造成腔体顶部垮塌等现象，此外，还需对腔体形态进行检测，控制造腔规模和形态；投产前再次检测腔体及管柱的密闭性，保障注采井的安全，并对腔体体积进行检测，计算库容。溶腔检测项目及测量条件见表2-1。

## 三、建库周期受盐矿地质条件及卤水消化能力的制约

对于盐丘及盐层厚度大且夹层薄的盐矿而言，由于不溶物含量低、地层可溶性强，造腔容易且速度相对较快；对于多夹层层状盐岩矿床而言，由于不溶物含量相对较高，造腔速度和效率稍低。中国盐穴储气库建库目标区盐矿多为陆相盐湖沉积，造腔地层均为多夹层层状盐岩，造腔速度和成腔率明显偏低；同时盐化企业卤水消化能力对造腔进度有明显的制约作用，当造腔产生的卤水大于盐化企业的消化能力时必须降低造腔的速度。

表 2-1 盐穴储气库特殊测井项目及测量条件一览表

| 检测阶段 | 检测内容 | 测井项目 | 检测目标 | 测量条件 |
|---|---|---|---|---|
| 溶腔前 | 气密封检测 | 中子—中子 | 溶腔前检测套管、套管鞋、盐顶、注卤管柱、井口等环节密闭性 | 井口完全密闭 |
| 溶腔中 | 腔顶控制 | 脉冲中子类 | 通过油水界面监测控制造腔腔顶 | 井口完全密闭 |
| 溶腔中 | 腔体形态 | 声呐检测 | 检测腔体形态 | 井筒注满卤水 |
| 溶腔中 | 气密封检测 | 中子—中子 | 溶腔中检测套管、套管鞋、盐顶、注卤管柱、井口等环节密闭性 | 井口完全密闭 |
| 投产前 | 气密封检测 | 中子—中子 | 投产前检测套管、套管鞋、盐顶、注卤管柱、井口等环节密闭性 | 井口完全密闭 |
| 投产前 | 腔体形态 | 声呐检测 | 检测腔体形态，计算库容 | 井筒注满卤水 |
| 运行期 | 腔体形态 | 声呐检测 | 定期检测腔体形态，反映腔体蠕变，计算库容 | 井筒注满卤水 |

## 四、建成即可达产

盐岩在高温、高压下具有损伤自我修复功能，良好的自我修复能力能促使盐腔围岩中的裂纹愈合，最终可形成地下存储空间密封性良好的地下盐穴。

油气藏型储气库（尤其是水淹枯竭气藏型储气库）一

般会经历快速扩容期、稳定扩容期和扩容停止期三个阶段，扩容达产时间长。而盐穴储气库是由多个单腔组成的腔体群构成，单腔建成后库容稳定，气库密封性良好，能独立运行，一般建成即可达到设计库容。

## 五、单井吞吐量大

中国已建、在建盐穴储气库均为单井单腔，采用 7in 采气管柱进行注采气。采气速率仅受管柱冲蚀流量及压力影响，采气末期单井采气能力依然可以达到较高水平。以中国石油金坛储气库为例，在运行压力 7～17MPa 区间，单井采气能力 $210 \times 10^4$～$342 \times 10^4 \mathrm{m}^3/\mathrm{d}$，应急采气下限 6MPa 时，单井采气能力依然可达 $195 \times 10^4 \mathrm{m}^3/\mathrm{d}$。在 6～17MPa 运行压力区间，注气能力可达 $210 \times 10^4$～$410 \times 10^4 \mathrm{m}^3/\mathrm{d}$。

## 六、天然气损耗量低

盐岩的结构非常致密，渗透率（$\leqslant 10^{-20} \mathrm{m}^2$）和孔隙度（$\leqslant 1\%$）都非常低；盐岩的损伤自我修复性能，能促使围岩中的裂纹愈合。上述特点确保盐穴储气库具有良好的密封性，故天然气从盐穴储气库逃逸的损耗非常低。但注气排卤过程中采出的卤水中会携带少量天然气，在卤水分离外输过程中会发生部分天然气损耗。另外，可能发生的注采井泄漏、地面管道和设备泄漏、注采气系统放空等会造成部分天然气损耗。以金坛盐穴储气库为跟踪对象，采用统计分析方法，计算了卤水携带气量损耗和地面系统天然气损耗，天然气损耗率大约 0.05%。

## 七、注采运行灵活

盐穴储气库注采速度受管柱冲蚀流量和压力影响，注采运行过程中压力交替变化引起的盐岩蠕变和快速注采引起的注采管柱震动在设计允许安全范围之内时，压力交替变化频率和注采速度可不受限制，本质上决定了盐穴储气库注采模式可灵活切换，随注随采，平衡期短，每年可实现多周期注采循环，满足季节调峰、周调峰、日调峰、小时调峰和应急采气的需要。

金坛盐穴储气库自 2007 年投产以来，除 2007 年、2008 年、2012 年、2016 年外，采气量均大于工作气量，其中 2009 年采气量基本达到了 2 倍工作气量。金坛盐穴储气库每年均进行多轮次注气和采气，2017 年注气 4 轮次，注气 145 天，注气 $6.3 \times 10^8 \mathrm{m}^3$；采气 6 轮次，采气 114 天，采气 $7.35 \times 10^8 \mathrm{m}^3$，在 2017 年冬季调峰保供中发挥了极其重要的作用。

## 八、垫底气可完全回收

盐穴储气库垫底气全部为补充垫底气，所起作用仅是维持盐穴储气库采气作业时所需的地层压力，为储气库正常储存释放天然气提供能力保证，所需垫底气量相对较低。同时，盐岩具有孔隙度低、渗透率小、密封性能好、蠕变性能良好、损伤自我恢复和塑性变形能力强、不与存储物质发生反应等特点，盐穴储气库在运行过程中不会产生地质构造因素引起的天然气损耗，使得盐穴储气库在报废时库内留存的垫底气可完全采出，作为商品气回收释放。

# 第三节　我国盐穴储气库建设难点

我国已建和待建盐穴储气库均在陆相层状盐岩矿床中实施，与国外在盐丘内建设盐穴储气库相比，我国盐穴储气库建设具有四个难点。

## 一、优质建库目标库址稀缺

我国已在云南、四川、湖北、湖南、江西、安徽、河南、江苏、河北、陕西、山东、新疆等省（自治区）发现大型盐岩矿床，矿体一般呈层状、似层状或透镜状，产状相对平缓。中国石油经过多轮筛选和评价，认为在现有技术经济条件下，位于已建天然气骨干管网沿线附近适合建设盐穴储气库的盐矿仅有金坛、淮安、楚州、平顶山、云应等盐矿。中国石化除在金坛盐矿进行储气库建设外，也将黄场盐矿作为建库目标。也就是说，中国石油和中国石化筛选出的适合建设盐穴储气库的盐矿仅有 6 个，分布在江苏省（3 个）、湖北省（2 个）、河南省（1 个），建库目标库址相对稀缺。

上述 6 个盐矿均属于陆相沉积盐岩矿床（内陆湖相沉积盐岩矿床）。盐岩矿床主要为硬石膏—钙芒硝—石盐矿床、硬石膏—石盐矿床，其夹层主要由石膏、钙芒硝、泥岩等组成。

　　综合分析上述 6 个盐矿的建库地质条件（表 2-2），可以看出，金坛盐矿建库地质条件最为优越（埋深适中、含盐地层厚度大、夹层薄、含矿率高）；楚州、平顶山盐矿建库层段埋深较大，加之含矿率明显低于金坛盐矿，在一定程度上增加了建库的技术难度和建库成本；淮安盐矿建库层段埋深较楚州、平顶山盐矿相对较浅，但建库层段厚度较小，且建库层段下部有一厚度 10m 左右的夹层，直接影响单腔的成腔体积；云应盐矿建库层段呈千层饼状、盐层薄、夹层多、矿石品位低，势必造成造腔速度慢、成腔率低；黄场盐矿王 58 井区建库层段埋藏深度超过 1800m，建库层段较薄，建库成本相对较高。

　　总体来看，中国盐岩矿床资源虽然丰富，但受地质条件和地理分布的限制，基本满足建库条件的盐矿资源相对稀缺，尤其是优质建库目标库址稀缺。

## 二、造腔速度普遍较慢

　　盐穴储气库的水溶造腔是储气库建设的核心阶段，其主要原理是将盐层溶解后，通过管柱循环实现卤水与外界淡水之间的物质交换。由于层状盐岩储气库建库层段普遍含有难溶夹层，难溶解的夹层会降低盐层溶解速度，增加溶漓时间，从而增加了盐穴储气库造腔的时间。夹层的数量越多，不溶物含量越高，造腔速度越慢。

　　由于夹层与盐层横向溶解速度明显存在差异，造腔过

## 表2-2 盐穴储气库建库层段主要地质参数表

| 名称 | 建库层系 | 顶面埋深（m） | 地层总厚度（m） | 平均含矿率（%） | 不同盐层平均厚度（m） | 地质特点 |
|---|---|---|---|---|---|---|
| 金坛盐穴储气库 | 古近系阜四段 | 900～1200 | 100～280 | 88 | 20～60 | 夹层薄，含矿率高 |
| 云应盐穴储气库 | 古近系膏盐组 | 500～720 | 150～240 | 70 | 1～10 | 千层饼状、单层薄、夹层多、不溶物含量高 |
| 淮安盐穴储气库 | 古近系阜四段 | 1400～1600 | 85～145 | 78 | 3～36 | 建库层段总厚度薄，中下部含泥岩夹层 |
| 平顶山盐穴储气库 | 古近系核一段 | 1350～2100 | 150～300 | 79 | 10～40 | 建库层段埋深差异大，局部较深 |
| 楚州盐穴储气库 | 白垩系浦口组 | 1400～2100 | 180～260 | 70（张兴）/87（杨槐） | 12～120 | 建库层段埋深差异大，局部较深，水不溶物含量高 |
| 黄场盐穴储气库 | 古近系潜江组二段 | 1800～2000 | 110～700 | 62～75 | 6～29 | 建库层段为13—16韵律层，埋深超过1800m，有3个稳定的泥岩夹层 |

程中会出现夹层的大面积悬空，逐渐成为腔体的直接顶板或悬挑于腔内。在较厚夹层达到一定跨度后，上下同时造腔，井眼处易发生局部破坏，引起夹层的大面积垮塌。夹层垮塌后将造腔管砸断、砸弯或者套管被卡等情况时有发生，导致井下工艺难度增加，也会对造腔进程造成影响。

根据金坛盐穴储气库实际造腔时间与设计造腔时间对比分析得知，储气库造腔时间普遍比设计时间延迟1年左右（表2-3）。造腔速度慢的原因既有设计时对难溶夹层对降低造腔速度估计不足，也有夹层垮塌导致工程事故影响造腔进度。

表2-3 金坛盐穴储气库造腔设计与实施对比表

| 井号 | 造腔高度（m） | 造腔设计 | | | 造腔实施 | | | 实施对比 | |
|---|---|---|---|---|---|---|---|---|---|
| | | 循环方式 | 有效体积（$10^4m^3$） | 溶漓时间（d） | 循环方式 | 有效体积（$10^4m^3$） | 溶漓时间（d） | 有效体积（$10^4m^3$） | 溶漓时间（d） |
| 1井 | 141 | 正反 | 25.42 | 930 | 正 | 22.6 | 1330 | −2.82 | 400 |
| 2井 | 187 | 正反 | 25.29 | 910 | 正 | 29.5 | 1364 | 4.21 | 454 |
| 3井 | 120.6 | 正反 | 21.2 | 1048 | 正 | 19.9 | 1290 | −1.3 | 242 |

## 三、腔体形态难控制

造腔段中夹层的存在，直接影响水溶建腔形态的发展变化。无夹层和多夹层盐岩造腔模拟结果显示（图2-3），夹层对水溶建腔腔体的形态影响较大，无夹层时，腔体的边界连续性好，腔体形态较规则，形状为梨形，形状容易控制；夹层数目较多时，盐腔边界变得不规则，腔体形态控制难度加大，受夹层的影响，溶腔底部呈倒三角形，向上夹层影响逐步减小且形态较均匀，呈串珠状。

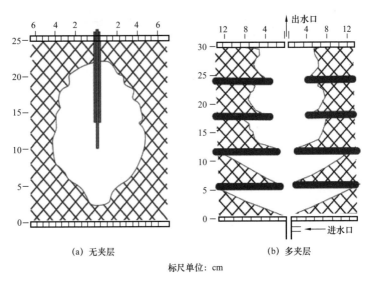

(a) 无夹层        (b) 多夹层

标尺单位：cm

图 2-3　盐岩造腔模拟形态图

夹层的厚度大小也对腔体形态的控制影响有明显差异。厚度较薄的夹层在造腔过程中容易垮塌，水溶造腔过程中腔体的形态相对容易控制（图 2-4）；而较厚的夹层在造腔过程中不易垮塌，可能较长时间呈悬挑状态，直接影响腔体形态的发展，导致水溶造腔过程中腔体的形态很难控制。

中国石油和中国石化已筛选出的 6 个盐穴储气库建库目标区，建库层段夹层普遍发育，部分建库目标区建库层

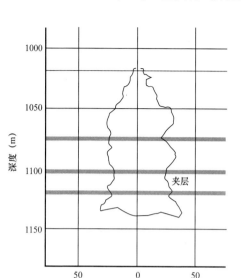

图 2-4　金坛储气库造腔形态检测平面图

段的夹层厚度较大，如何有效在造腔过程中控制腔体形态是中国盐穴储气库建设必须面对的一个难题。

## 四、造腔成腔率低

层状盐岩在水溶造腔过程中，不溶或难溶夹层是水不溶物的主要来源。由于卤水仅能将极少量的不溶物携带到地面，绝大部分不溶物则以沉渣的形式堆积在盐腔底部。不溶物沉渣经卤水浸泡后会发生膨胀，加之不溶物沉渣颗粒之间存在空隙，其占据的溶腔空间要明显大于不溶残渣的原始体积。另外，由于注气排卤时，排卤管柱通常只能下至残渣堆积物顶部，排卤管柱排卤口以下的卤水无法排出，也使可利用的盐腔空间进一步减少。

实验表明，盐岩地层不溶物含量从 5% 增加到 20%，盐腔体积从 $40 \times 10^4 m^3$ 减小到 $25 \times 10^4 m^3$，盐腔利用率由 94% 下降到 76%（图 2-5 和图 2-6）。

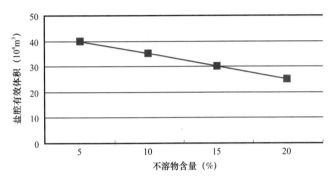

图 2-5　盐腔体积随不溶物含量变化图

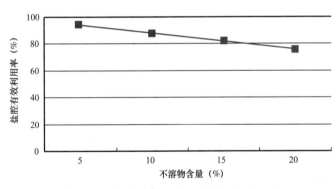

图 2-6　盐腔成腔率随不溶物含量变化

总体而言，夹层越多越厚，不溶物含量越高，腔底残渣物堆积越多，有效空间越小，成腔率越低（表 2-4）。

受中国建库目标区建库层段普遍存在多夹层及不溶物含量较高特点的制约，造腔成腔率较低是中国盐穴储气库建设必须面对的一个难题。

### 表2-4  储气库成腔率统计表

| 储气库名称 | 采盐量（$10^4$t） | 估算采盐体积（$10^4$m³） | 声呐测量腔体体积（$10^4$m³） | 成腔率（%） | 不溶物含量（%） | 备注 |
|---|---|---|---|---|---|---|
| 淮安 | 3.17 | 1.47 | 1.3 | 88.4 | 37.5 | HZ1井建槽期 |
| 云应 | 10.35 | 4.78 | 2.65 | 55.4 | 49.26 | YK1-1井建槽期 |

## 参考文献

丁国生，张昱文，等，2010.盐穴地下储气库［M］.北京：石油工业出版社.

华爱刚，李建中，卢林生，1999.天然气地下储气库［M］.北京：石油工业出版社.

徐孜俊，班凡生，2015.多夹层盐穴储气库造腔技术问题及对策［J］.现代盐化工，（2）：10-14.

完颜祺琪，丁国生，赵岩，等，2018.盐穴型地下储气库建库评价关键技术及其应用［J］.天然气工业，38（5）：111-117.

杨海军，2017.中国盐穴储气库建设关键技术及挑战［J］.油气储运，36（7）：747-753.

垍艳侠，完颜祺琪，罗天宝，等，2017.层状盐岩建库技术难点与对策［J］.盐科学与化工，46（11）：1-5.

# 第三章 盐穴储气库项目投资体系及构成

根据盐穴储气库项目投资分类及投资特点，搭建盐穴储气库项目投资管理内容及计价体系，理顺盐穴储气库项目建设投资基本构成，为盐穴储气库工程投资估算编制提供基础。

## 第一节 盐穴储气库项目投资分类及投资特点

盐穴储气库项目投资指完成盐穴储气库项目建设预期开支或实际开支的各项费用的总和。

### 一、盐穴储气库项目投资分类

（一）按投资归集对象分类

盐穴储气库建设项目按投资归集对象分为项目总投资和单位投资。其中单位投资分为单位库容投资和单位工作气量投资。

项目总投资指完成盐穴储气库项目建设预期开支或实际开支的各项费用的总和。

单位库容投资是指盐穴储气库建设项目形成单位有效库容所花费的全部费用。

单位库容投资 = 建设投资 / 有效库容

单位工作气量投资是指盐穴储气库建设项目形成单位有效工作气量所花费的全部费用。

单位工作气量投资 = 建设投资 / 有效工作气量

### （二）按项目功能层次划分

盐穴储气库建设项目投资按功能层次从大到小可划分为建设项目投资、单项工程投资、单位工程投资和分部分项工程投资。

单项工程又称工程项目，它是建设项目的组成部分，是指具有独立的设计文件，竣工后可以独立发挥生产能力或使用效益的工程。盐穴储气库建设项目单项工程投资包括地上部分单项工程投资和地下部分单项工程投资。其中地上部分单项投资包括输气干线工程、注采气站工程、地面集输工程、注水站工程、造腔地面配套工程和公用辅助工程等单项工程投资；地下部分单项投资包括前期工程、钻井工程、造腔工程、注气排卤及注采完井工程等单项工程投资。

单位工程是单项工程的组成部分，是指具有独立的设计文件，能单独施工，但建成后不能独立发挥生产能力或使用效益的工程。盐穴储气库建设项目单位工程投资包括地震工程、钻前工程、先导性实验工程、钻井工程、造腔工程、注气排卤及钻完井工程、注采气站、注水站、造腔地面配套、倒班公寓、车库及维修间、污水提升泵房、消防泵房、通信线路及变电所等单位工程投资。

分部工程是单位工程的组成部分，分项工程是分部工程的组成部分，通常按照分部工程的划分思路，再将分部工程划分为若干个分项工程。

（三）按资金时间价值分类

盐穴储气库建设项目投资按时间价值可分为静态投资和动态投资。

静态投资是以某一基准年、月的建设要素的价格为依据所计算出的建设项目投资的瞬时值。静态投资包括：建筑安装工程费，设备和工、器具购置费，工程建设其他费用，以及基本预备费等。

动态投资是指为完成一个工程项目的建设，预计投资需要量的总和。它除了包括静态投资所含内容之外，还包括建设期贷款利息、投资方向调节税及涨价预备费等。

## 二、盐穴储气库项目投资特点

### （一）投资的差异性

每一个盐腔都有其特定的地理位置、完钻井深、盐体分布和盐岩品位，因此，工程内容和实物形态都有个别性、差异性，进而决定了每一个盐腔的投资也不同。

### （二）投资的动态性

盐穴储气库建设项目从决策到竣工交付使用，都有一个较长的工程建设期，由于不可控因素影响，盐穴储气库建设项目投资在整个建设期间处于不确定状态，直至竣工决算后才能最终确定盐穴储气库建设项目实际发生投资。

（三）投资的层次性

一般来讲，一个建设项目构成包括建设项目、单项工程、单位工程、分部工程、分项工程等多个层次。对于盐穴储气库建设项目而言，单项工程分为前期工程、钻井工程、造腔工程、注气排卤工程和地面工程等。前期工程中的单位工程又可分为地震工程、钻前工程、先导性实验工程等，钻前工程中的分部分项工程可分为土建工程、钻前准备工程等。每一个层次需要分别计价，投资的层次性取决于工程的层次性。

（四）投资的复杂性

在整个项目建设过程中，要分别确定估算价、概算价、预算价、合同价、结算价、决算价；做预算时分别计算直接费（人工费、材料费、机械费、其他直接费）、间接费及税金；招投标和谈合同时还要分别确定甲乙双方费用。

（五）投资的大额性

盐穴储气库项目投资动辄数亿、数十亿甚至数百亿以上。投资的大额性决定了投资的特殊地位，关乎有关各方的经济利益，同时也说明盐穴储气库项目投资管理具有重要意义。

# 第二节 盐穴储气库项目投资管理内容 及计价体系

## 一、盐穴储气库项目投资管理的目标和任务

盐穴储气库项目投资管理是以盐穴储气库工程为研究对象，以盐穴储气库工程的投资确定与投资控制为主要内容，运用科学技术原理、经济与法律管理手段，解决盐穴储气库工程建设活动中的技术与经济、经营与管理等实际问题，从而提高投资效益和经济效益。

### （一）盐穴储气库项目投资管理目标

盐穴储气库项目投资管理目标是按经济规律的要求，根据市场经济发展形势，利用科学管理方法和先进管理手段，合理确定盐穴储气库项目投资和有效控制项目投资，提高投资效益。

### （二）盐穴储气库项目投资管理任务

盐穴储气库项目投资管理任务是加强投资的全过程动态管理，强化投资的约束机制，维护有关各方的经济利益，规范计价行为，促进微观效益与宏观效益的统一。

## 二、盐穴储气库项目投资管理基本内容

项目投资管理的核心就是合理确定项目投资和有效控制项目投资。

### （一）投资的合理确定

所谓投资的合理确定，就是在建设程序的各个阶段，合理确定工程投资估算价、概算价、预算价、合同价、结算价和决算价。

### （二）投资的有效控制

所谓投资的有效控制，就是在优化建设方案、设计方案的基础上，在建设程序的各个阶段，采用一定的方法和措施把投资的发生控制在合理的范围和核定的投资限额以内。

因此，投资管理基本内容包括投资决策阶段投资管理、工程设计阶段投资管理、招投标阶段投资管理、工程施工阶段投资管理和竣工决算阶段投资管理。

## 三、盐穴储气库项目投资计价体系

盐穴储气库建设项目从投资决策到建成投产，一般经历项目建议书（或预可行性研究）和可行性研究阶段、初步设计阶段、施工图设计阶段、招投标阶段、合同实施阶段、竣工验收阶段，相应工程造价按投资估算、设计概算、预算造价、合同价、结算价和决算价顺序多次计价。多次计价是个逐步深化、细化和接近实际造价的过程，其准确性逐渐明晰，一个比一个更真实地反映项目的实际投资。一般情况下，结算是决算的组成部分，是决算的基础，决算不能超过预算，预算不能超过概算、概算不能超过估算。

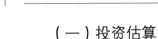

（一）投资估算

投资估算是指在投资决策阶段中，对项目的建设规模、工程技术方案、设备方案、项目进度计划进行研究并确定的基础上，估算项目总资金投入的过程，是项目建议书或可行性研究报告的重要组成部分，是项目决策的重要依据。

（二）设计概算

设计概算是以初步设计文件为依据，按照规定的程序、方法和依据，对建设项目总投资及构成进行概略计算。具体而言，设计概算是在投资估算的控制下由设计单位根据初设设计或扩大初步设计的图纸和说明，利用国家、地区或行业颁布的概算指标、概算定额综合指标预算定额、各项费用定额或取费标准，以及建设地区自然、技术经济条件和设备、材料预算价格等资料，按照设计要求，对建设项目从筹建到竣工交付使用所需全部费用进行的预计。设计概算书是初步设计文件的重要组成部分，是确定和控制建设项目投资的依据，设计概算经批准后，一般不得调整。经批准设计概算额是控制建设项目投资的最高限额。如果设计概算超过已批复可行性研究报告投资估算的 10% 以上，应该重新编制可行性研究报告。

（三）施工图预算

施工图预算是以施工图设计文件为依据，按照规定的程序、方法和依据，在工程施工前对工程项目的工程费用进行的预测和计算。施工图预算是施工图设计阶段对工程建设所需资金做出较精确的设计文件。

施工图预算价格既可以是按照规定的预算单价、取费标准、计价程序计算得到的预期性质的施工图预算价格，也可以是通过招标投标法定程序后施工企业根据自身的实力即企业定额、资源市场单价、市场供求及竞争状况计算得到的反映市场性质的施工图预算价格。

（四）招标控制价

招标控制价是招标人根据国家或省级行业建设主管部门颁布的有关计价依据和办法，依据拟定的招标文件和招标工程量清单，结合工程具体情况发布的招标工程的最高投标限价。招标控制价不同于预算价，也不同于概算价。控制价是市场价，是带有竞争性的价格，需反映招标工程的市场价格或接近市场价格。

国有资金投资的工程建设项目应实行工程量清单招标，招标人应编制招标控制价，并应当拒绝高于招标控制价的投标报价，即投标人的投标报价若超过公布的招标控制价，其投标作为废标处理。招标控制价应当在招标文件中公布，所编制的招标控制价不得上浮或下调。

（五）拦标价

拦标价是指招标人在招标过程中向投标人公示的工程项目总价格的最高限制标准，是招标人的期望价格，要求投标人投标报价不得超过它，否则为废标。

拦标价可拦上（上限拦标价）也可拦下（下限拦标

价），在实践中，由可分为明示拦标价（以文字形式公开告诉每位投标人）和暗示拦标价（开标时公布）。

（六）标底

标底是建设单位组织编制的招标工程的预期价格，能反映出拟建工程的资金额度，以明确招标单位在财务上应承担的义务。按规定，我国国内工程施工招标的标底，应在批准的工程概算以内，它不等于工程（或设备）的概（预）算，也不等于合同价格。

标底是招标单位的绝密资料，不得向任何无关人员泄漏。在建设工程招标活动中，标底编制是工程招标中的重要环节之一，是评标、定标的重要参考依据。

（七）合同价

合同价是合同签订双方签订合同时在协议书中列明的合同价格。实行招标的工程合同价款由合同双方依据招标文件和中标通知书的中标价在书面合同协议书中约定，招标文件与中标人投标文件不一致的地方，以投标文件为准；不实行招标的工程合同价款，在发承包双方认可的合同价款基础上，由合同双方在合同中约定。根据建设项目性质和特点的不同，可选择固定单价合同、固定总价合同和成本加酬金合同。

（八）竣工结算

竣工结算发生在工程竣工验收阶段，是建设项目施工任务完成后，对其实际造价进行核对和结清。竣工结算一般由工程承包商提交，以招标文件选定的计价方式，依据合同规定，实施过程中的变更签证等，按照合同约定、建设项目结算规程及清单计价规范，完成施工过程中的价款结算与竣工最后结清。

（九）竣工决算

竣工决算是指所有项目竣工后，项目单位按照国家有关规定在项目竣工验收阶段编制的竣工决算报告。竣工决算是以实物量和货币指标为计量单位，综合反映竣工项目从筹建开始到竣工交付使用为止的全部建设费用、建设成果和财务情况的总结性文件，是竣工验收报告的重要组成部分。竣工决算是正确核定新增固定资产价值、考核分析投资效果、建立健全经济责任制的依据，是反映建设项目实际造价和投资效果的文件。竣工决算是工程造价管理的重要组成部分，做好竣工决算是全面完成工程造价管理目标的关键性因素之一。

项目竣工时，应编制建设项目竣工财务决算。建设周期长，建设内容多的项目，单项工程竣工，具备交付使用条件的，可编制单项工程竣工财务决算。建设项目全部竣工后应编制竣工财务总决算。

# 第三节　盐穴储气库项目建设投资基本构成

储气库建设项目总投资，是指拟建储气库项目从筹建到竣工验收以及试运投产的全部建设费用，由建设投资、建设期利息和铺底流动资金组成。其中盐穴储气库建设投资包括前期评价费（地震采集及处理费、评价井费、测试费、先导试验费、地质研究费等）、工程费用（钻采工程费、造腔工程费、注气排卤工程费、地面工程费、联络线工程费等）、工程建设其他费用（建设用地费和赔偿费、前期工作费、建设管理费、专项评价及验收费、研究试验费、勘察设计费、场地准备和临时设施费、引进技术费和进口设备材料其他费、工程保险费、联合试运转费、特殊设备安全监督检验标定费、超限设备运输特殊措施费、施工队伍调遣费、专利及专有技术使用费、生产准备费等）、预备费、垫底气费（垫底气占用的资金）、原有资产购置费（老腔收购、矿权获得等费用）。

考虑到建设期利息、铺底流动资金有明确的规定，故本节中仅对盐穴储气库建设投资构成做详细介绍。

## 一、盐穴储气库建设前期评价费

前期评价费是指对建库条件进行前期研究所发生的费用，包括必要的地震采集及处理费、评价井费、先导实验费和地质研究费等。上述费用按实际工作量的大小计算。

### （一）地震采集及处理费

根据建库条件评价的需要，可能需要开展二维或三维地震采集、处理和解释。

地震采集及处理费主要包括地震工程部署及设计费、地震工程费、地震工程施工监理费、地震资料处理及解释费。

## （二）评价井费

根据建库条件评价的需要，可能需要钻部分资料井，为库址优化与选择提供依据。

评价井费包括评价井工程设计及井位论证、钻探、测井、取心、录井、岩心扫描及钻探施工监理等费用。

## （三）先导试验费

根据建库条件评价的需要，可能需要开展先导性试验，为建库方案设计提供依据。

先导试验费包括地质与盐穴工程、钻完井及造腔工程、地面工程等费用。

## （四）地质研究费

地质研究费包括盐岩分析、盐岩测试及相关研究费用。

# 二、盐穴储气库建设工程投资

盐穴储气库工程投资包括工程费用、工程建设其他费用和预备费。

## （一）工程费用

工程费用包括钻采工程费、造腔工程费、注气排卤工程费和地面工程费等。

### 1. 钻采工程费

钻采工程指根据设计方案将储气库井钻至设计深度后，下入设计尺寸的套管固井，然后再在套管内从外向内依次下入中间管和中心管，安装造腔井口装置的全过程。从工程造价项目角度划分，钻采工程包括钻前工程、钻井工程、固井工程、录井工程和测井工程。钻采工程费由钻前工程费、钻井工程费、固井工程费、测井工程费和录井工程费构成。

1）钻前工程费

钻前工程是为储气库气井开钻提供必要条件所进行的各项准备工作。钻前工程包括井位勘测、道路修建、井场修建、钻前准备和其他作业等内容。

钻前工程费由勘测工程费、道路工程费、井场工程费、搬迁工程费、供水工程费、供电工程费、供暖工程费和其他作业费等构成。

2）钻井工程费

钻井工程是按照地质设计和工程设计规定的井径、方位、位移及深度等要求，利用钻机从地面开始钻进最终钻达设计目的层的工程。从工程造价项目角度划分，钻井工程包括钻进作业、主要材料、大宗材料运输、技术服务和其他作业。

钻井工程费包括钻井作业费、钻井材料费、大宗材料运输费、技术服务费、其他作业费。其中，钻井作业费指与钻井周期相关的费用；钻井材料费包括套管费、套管附件费、钻头费、钻井液材料费、钻具费、井口工具费；大宗材料运输费指运送钻具、油料、水、钻井液、套管等材料到达井场所发生的费用；技术服务费包括井控服务费、钻井液服务费、定向井服务费、欠平衡钻井服务费等；其他作业费包括环保处理费和地貌恢复等费用。

3）固井工程费

盐穴储气库井的固井工程包括传统意义的固井和全井筒密封性试验。固井是在盐穴储气库钻井阶段完钻或最终完井后，在储气库气井井眼内下入套管，并向套管与井壁或套管与上一层套管间注入油井水泥浆的作业；全井筒密封性试验在生产套管固井结束后、造腔前实施，主要目的是检查生产套管的技术状况、生产套管鞋附近套管固井的密封状态，确定该井是否适用于未来的储气运行，是否可以开始造腔作业。从工程造价项目角度划分，固井工程包括固井作业、主要材料、大宗材料运输及其他作业等。

固井工程费包括设备动迁费、固井作业费、固井材料费、大宗材料运输费及其他作业费。其中，设备动迁费指固井设备从驻地或上一施工所在地到达作业现场所发生的路途行驶费；固井作业费指固井设备到达井场后从摆车开始至注水泥作业完成设备全部退出井场所发生的费用；固井材料费包括水泥及外加剂费、专用工具费等；大宗材料运输费指运送套管、水泥、水泥外加剂及水等材料到达井场所发生的费用；其他作业费包括套管检测费、水泥混拌费、水泥实验费等。

4）录井工程费

录井是一项集地质资料采集、处理、解释为一体的工程。在盐穴储气库井钻井过程中利用多种手段，按顺序收集、记录、取全取准所钻经地层的岩性、物性、结构、构造、盐岩地质特征等各种信息资料。以此为基础进行资料数据整理、处理解释，发现筛查建库库址，评价建库条件。从工程造价项目角度划分，录井工程包括录井作业、技术服务及其他作业。

录井工程费包括设备动迁费、录井作业费、分析化验费、资料处理解释费及其他作业费。其中，设备动迁费指录井设备从驻地或上一施工所在地到达作业现场所发生的路途行驶费；录井作业费指按地质设计要求，对钻进过程进行地质监控并录取相关资料所发生的费用；分析化验费包括测定岩心孔隙度、渗透率、密度、盐矿特征及盐岩品位等发生的费用；资料处理解释费指根据录井资料进行地质分层及地层含盐情况、含盐井段进行解释和评价所发生的费用；其他作业费包括井位测量费、数据远程传输费等。

5）测井工程费

测井是在已钻的井筒内利用电缆带着各种仪器，沿井眼连续测量或定点测量地层及井筒内液体的电、磁、声、核、力、热等物流性质，分析岩性，判定构造，计算物性和含盐性，并监测钻井工程质量的作业。从工程造价项目角度划分，测井工程包括测井作业、技术服务及其他作业。

测井工程费包括设备动迁费、测井作业费、资料处理解释费及其他作业费。其中，设备动迁费指测井设备从驻地或上一施工所在地到达作业现场所发生的路途行驶费；

测井作业费指按设计要求，利用各种井下仪器沿井筒连续测量或定点测量地层及井内流体物理性质，并对钻井质量进行部分监测所发生的费用；资料处理解释费指根据测井采集的资料进行岩性分析、判定构造、计算储层物性等所发生的费用；其他作业费包括井壁取心费、电缆地层测试费等。

### 2. 造腔工程费

造腔工程通常采用油垫法水溶建腔，利用油水互不相溶和油密度小，且不溶解矿物的特性，在井内下入三层套管（中心管、中间管和生产套管），向生产套管和中间管环形空间内注入油，使其在盐腔顶部形成一层油垫层，控制上溶。通过自下而上提升管柱，建腔初期采用正循环（淡水从中心管注入，中心管和中间管环形空间排出卤水），后期采用反循环（淡水从中心管和中间管环形空间注入，从中心管排出卤水），通过连续不断地淋洗，在盐层中逐步形成一定形态和体积的盐腔，用于储存天然气。从工程造价角度划分，造腔工程包括造腔（或溶采）作业、主要材料、大宗材料运输、技术服务和其他作业。

造腔工程费包括造腔作业费、大宗材料运输费、技术服务费和其他作业费。其中，造腔作业费指按造腔工程设计要求，对盐腔建造过程进行监控完成盐腔的建造所发生的费用；大宗材料运输费指运送套管、水、柴油等材料到达施工现场所发生的费用；技术服务费包括腔体形态及密封性检测费、油水界面检测费、卤水浓度化验费和起下管柱作业费；其他作业费包括环保处理费等。

### 3. 注气排卤工程费

在完成盐穴密封性检测且合格后，首先起出井内管柱，下入排卤管柱，并安装井口、地面排卤管线和注气管线，经过压缩机增压后的高压天然气通过生产套管和采卤管柱之间的环形空间注入盐穴中，受到气体压力作用的卤水通过排卤管柱被置换到地面。排卤结束后，以不压井作业方式将排卤管柱取出。排卤工程是盐穴储气库首次注入天然气的作业，标志着从建设阶段向生产阶段的过渡。从工程造价项目角度划分，注气排卤工程包括完井作业、主要材料、大宗材料运输、技术服务、注气排卤作业和其他作业。

注气排卤及注采完井工程费包括完井设备动迁费、完井作业费、完井材料费、大宗材料运输费、完井技术服务费、注气排卤作业费和其他作业费。其中，完井设备动迁费指完井设备从驻地或上一施工所在地到达作业现场所发生的路途行驶费；完井作业费指按完井工程计要求，完成储气库注采井完井工作所发生的费用；完井材料费包括注采油管费、排卤油管费、管件及附件费、采气树费、完井井下工具费及环空保护液费用；大宗材料运输费指运送油管、管件及附件、采气树、完井井下工具及环空保护液等材料到达施工现场所发生的费用；技术服务费包括不压井作业费、起造腔管柱费、下注采管柱费、下排卤管柱费、套管螺纹气密封检测费、盐腔气密性检测费、气水界面检测费；注气排卤作业费是指将天然气注入盐穴中，卤水通过排卤管柱被置换至地面所发生的费用；其他作业费包括环保处理费和地貌恢复等。

4.地面工程费

盐穴储气库地面配套建设工程按区域划分通常可分为输气干线、注采气站、集输系统、造腔采卤站、变电所和生活辅助设施等6个部分。

输气干线工程建设内容包括首站至分输站、分输站至储气库的输气管道和阀室等配套设施。

注采气站为储气库站场的核心站场，包括进站（含清管设施）阀组、注气装置、采气装置（含调峰采气装置和应急加药采气设施）、辅助系统（含消防系统、空压站、阴保站、变配电室、控制系统和综合值班室等配套设施）。

集输系统是指注采气站（或造腔排卤站）到各注采井的地面配套系统。其范围包括：井场、集配气阀组（或集气站）、天然气集输支干线和集输支线管道、各单井注水或排卤管道、通信和电力线网等配套设施。

造腔采卤系统包括取水和输卤系统、淡水系统、卤水系统等配套设施。造腔采卤站一般同注采站合建。

变电所包括350/10kV（或110/10kV）变电所和变电所外线等配套设施。变电所一般同造腔采卤站或注采站合建。

生活辅助设施包括综合办公楼、食堂、倒班宿舍、维修站、车库等生活辅助设施。

上述 6 部分工程建设所需费用之和构成地面工程费用。

## （二）工程建设其他费用

工程建设其他费用，是指从工程筹建起到竣工验收交付使用为止的整个建设期间，在工程建设投资中支付的，除设备购置费、安装工程费、建筑工程费用以外的其他固定资产、无形资产和其他资产费用。

主要包括：建设用地费和赔偿费、前期工作费、建设管理费、专项评价及验收费、研究试验费、勘察设计费、场地准备和临时设施费、引进技术费和进口设备材料其他费、工程保险费、联合试运转费、特殊设备安全监督检验标定费、超限设备运输特殊措施费、施工队伍调遣费、专利及专有技术使用费、生产准备费等。

## （三）预备费

预备费包括基本预备费和价差预备费。

### 1. 基本预备费

基本预备费是指在可行性研究和初步设计阶段难以预料的工程费用和其他费用，包括在项目实施中可能增加的工程和费用、一般自然灾害造成的损失和预防自然灾害所采取的措施费用，以及为鉴定工程质量而对盐穴储气库工程进行必要的测试和修复的费用。

### 2. 价差预备费

价差预备费是指由于人工、材料、设备等价格变化和政策调整等变化因素而引起的盐穴储气库工程造价变化的预留费用。

## 三、垫底气费及原有资产购置费

### （一）垫底气费

盐穴储气库中的垫底气是指原始盐层温度下，储气库处于运行下限压力时储气库内存留的标准状况下的天然气体积。通常在盐穴储气库投运初期被注入盐穴储气库中，在储气库正常服役期不会作为工作气被采出，仅在盐穴储气库报废时才予以回收采出。

根据国内外资料分析，盐穴储气库垫底气量约占最大库容量的35%~48%，投资约占盐穴储气库总投资的26%~48%。

垫底气费是指注入盐穴储气库中的垫底气占用的资金。

### （二）原有资产购置费

由于中国在建和拟建盐穴储气库部分处于盐化企业登记的矿权区内，在储气库建设中可能涉及老腔收购、矿权获取等。老腔收购、矿权获取等产生的费用可归于原有资产购置费中。

# 参 考 文 献

丁国生，张昱文，等，2010.盐穴地下储气库［M］.北京：石油工业出版社.

黄伟和，刘文涛，司光，等，2010.石油天然气钻井工程造价理论与方法［M］.北京：石油工业出版社.

黄伟和，2016.钻井工程造价管理概论［M］.北京：石油工业出版社.

全国造价工程师执业资格考试培训教材编审委员会，2017.建设工程计价［M］.2017年版.北京：中国计划出版社.

# 第四章 盐穴储气库工程投资估算编制

盐穴储气库工程投资计价体系包括投资估算、设计概算、施工图预算、招标控制价、拦标价、标底、合同价、竣工结算、竣工决算。其计价体系中的造价构成和计算方法基本一致，只是随着时间的推移，资料的不断增多，其计价精度进一步提高，故本章只对投资估算的编制进行详细的论述。

## 第一节 投资估算的编制依据、要求及步骤

投资估算涉及项目规划、项目建议书、初步可行性研究、可行性研究阶段，是项目决策的重要依据之一。投资估算的准确性不仅影响到可行性研究工作的质量和经济评价效果，还直接关系到下一阶段设计概算和施工图预算的编制。因此，应全面准确地对建设项目总投资进行估算。

### 一、盐穴储气库建设项目投资估算阶段划分与精度要求

根据我国建设项目的投资估算划分及精度要求，对盐穴储气库而言，不同投资估算阶段的精度有一定的差异。

（一）盐穴储气库建设项目规划阶段投资估算

盐穴储气库建设项目规划阶段，是指根据国民经济发展规划、地区发展规划、天然气行业发展规划及调峰保供的要求，编制的盐穴储气库建设项目建设规划。该阶段是按盐穴储气库建设项目规划的要求和内容，粗略估算建设项目所需投资额，其对投资估算的精度要求较为宽松，允许误差大于 ±30%。

（二）盐穴储气库建设项目建议书阶段投资估算

盐穴储气库项目建议书阶段，是指按项目建议书的建库规模、建库区块和层段、建库方案、工程建设方案等，估算盐穴储气库建设项目所需投资。该阶段项目投资估算是审批项目建议书的依据，是判断项目是否进入下一阶段工作的依据，其对投资估算的精度要求比项目规划阶段有所提高，需要将误差控制在 ±30% 以内。

（三）盐穴储气库建设初步可行性研究阶段投资估算

初步可行性研究阶段，是指在进一步明确了建库规模、建库区块和层段、建库方案、工程建设方案的条件下，估算建设项目所需投资。该阶段项目投资估算是初步明确盐穴储气库建设项目方案，为项目进行技术经济论证提供依据，同时也是判断是否进行详细可行性研究的依据，其对投资估算的精度要求比项目建议书阶段有所提高，需将误差控制在 ±20% 以内。

### （四）盐穴储气库建设可行性研究阶段投资估算

可行性研究阶段投资估算是对盐穴储气库建设项目进行较详细技术经济分析，决定项目是否可行，并比选出最佳的投资方案。该阶段投资估算经批准后，作为盐穴储气库建设项目总投资的控制限额，投资估算应有较高的准确度，其对投资估算的精度要求较高，需将误差控制在 ±10% 以内。

## 二、盐穴储气库建设项目投资估算编制的依据

盐穴储气库建设项目投资估算编制依据是指在编制投资估算时进行工程计量以及价格确定，与工程计价有关参数、率值确定的基础资料，主要包括 9 个方面：

（1）国家、行业和地方政府的有关规定。

（2）拟建盐穴储气库项目建设方案确定的各项工程建设内容。

（3）工程勘察与设计文件，图示计量或有关专业提供的主要工程量和主要设备清单。

（4）行业部门、项目所在地的工程造价管理机构发布的建设工程造价费用构成、投资估算编制办法、投资估算指标、概算指标（定额）、工程建设其他费用定额（规定）、综合单价、价格指数和有关造价文件。

（5）类似工程的各种技术经济指标和参数。

（6）工程所在地同期的人工、材料、设备市场价格。

（7）政府有关部门、金融机构等部门发布的价格指数、

利率、汇率、税率等有关参数。

（8）与工程建设项目有关的工程地质资料、水文资料、设计文件、图纸等。

（9）其他技术经济资料。

## 三、盐穴储气库建设项目投资估算的编制要求

（1）根据盐穴储气库建设项目设计阶段和详细程度，结合行业的特点，所采用的建库工艺技术的成熟性，以及编制单位所掌握的国家及地区、行业或部门相关投资估算基础资料和数据的合理、可靠、完整程度，采用合适的方法，对盐穴储气库建设项目投资估算进行编制。为保证盐穴储气库建设项目投资估算的准确性，原则上采用工程量法进行详细估算，可采用系数法或指标法适当作为补充。

（2）估算的范围与项目建设方案所涉及的范围和所确定的各项内容相一致。

（3）估算的工程内容和费用构成齐全、计算合理，不提高或者降低估算标准，不重复计算或者漏项少算。

（4）应充分考虑拟建盐穴储气库建设项目设计的技术参数和投资估算所采用的估算指标在质和量方面所综合的内容，应遵循口径一致的原则。如果选用估算指标和具体工程之间存在标准和条件差异时，应进行必要的换算或者调整。

（5）应根据项目的具体内容及国家和行业有关规定，将所采用的估算指标价格、费用水平调整至项目所在地及

投资估算编制年的实际水平。

（6）应对影响投资变动的因素进行敏感性分析，分析市场的变动因素，充分估计物价上涨因素、市场供求情况、天然气价格改革对项目投资的影响，确保投资估算的编制质量。

（7）投资估算的准确度应能满足盐穴储气库建设项目投资决策分析与评价不同阶段的要求，满足控制初设设计概算的要求，并尽量减少投资估算的误差。

## 四、盐穴储气库建设项目投资估算的编制步骤

根据投资估算的不同阶段，主要包括盐穴储气库建设项目建议书阶段及可行性研究阶段的投资估算编制，一般包括静态投资估算、动态投资估算与流动资金估算三部分，主要包括以下四个步骤。

第一步：分别估算盐穴储气库建设单项工程所需的工程费、设备及工器具购置费、安装工程费，在汇总各单项工程费用的基础上，估算盐穴储气库工程建设其他费用和基本预备费，完成盐穴储气库工程项目静态投资的估算。

第二步：在静态投资估算的基础上，估算建设期贷款利息和价差预备费，完成动态投资的估算。

第三步：估算流动资金。

第四步：估算盐穴储气库建设项目总投资。

盐穴储气库建设项目投资估算编制的具体流程图如图4-1所示。

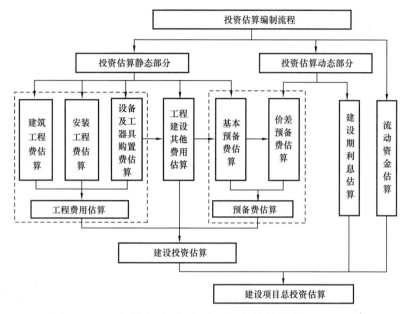

图 4-1　盐穴储气库建设项目投资估算编制的流程图

# 第二节　盐穴储气库建设投资估算的编制方法

　　盐穴储气库建设项目投资的估算方法有简单估算法和分类估算法。在盐穴储气库建设项目规划和建议书阶段，投资估算精度要求较低，可采用生产能力指数法、投资参考指标法、单位容积指标法、类比工程法等简单方法进行匡算；在可行性研究阶段，投资估算的精度要求高，需采用详细的投资估算方法，即指标估算法和工程量法。

# 一、盐穴储气库建设投资的简单估算方法

## （一）生产能力指数法

它是根据已建成的盐穴储气库生产能力和投资额来粗略估算拟建盐穴储气库建设项目投资额的方法，是对单位生产能力估算法的改进和修正。其计算公式为：

$$C_2 = C_1 \left( \frac{Q_2}{Q_1} \right)^x \cdot F$$

式中　$C_2$——拟建盐穴储气库建设项目的投资额，万元；

　　　$C_1$——已建盐穴储气库项目的投资额，万元；

　　　$Q_2$——拟建盐穴储气库项目的生产能力，$10^4 m^3/d$；

　　　$Q_1$——已建盐穴储气库项目的生产能力，$10^4 m^3/d$；

　　　$x$——生产能力指数；

　　　$F$——不同时期、不同地点的定额、单价、费用变更等综合调整系数。

采用生产能力指数法估算盐穴储气库建设项目投资的重要条件是合理确定生产能力指数。该方法计算简单，速度快，但要求类似盐穴储气库建设项目的资料可靠，条件基本相同，否则误差就会增大，实践中常常用于分项工程费用估算。

例如：某已建盐穴储气库建设项目，注采气站建设规模为 $420 \times 10^4 m^3/d$，建设投资为 25618 万元。拟建盐穴储气库注采气站建设规模为 $350 \times 10^4 m^3/d$，取生产能力指数

（$x$）为 0.62，综合调整指数（$F$）为 1，估算该注气站建设投资为 22875 万元。

$$C_2 = C_1 \left( \frac{Q_2}{Q_1} \right)^x \cdot F = 25618 \times (350/420)^{0.62} \times 1 = 22875 （万元）$$

## （二）投资参考指标法

投资参考指标法指采用盐穴储气库工程投资参考指标，考虑拟建盐穴储气库建设项目造腔体积、钻井井数和井深情况，编制盐穴储气库建设项目投资的方法。

计算公式为：

匡算投资 = 规模投资参考指标 +（基准体积 – 实际单腔有效体积）/2 × 单位有效体积投资调整值 +（基准井深 – 实际井深）/200 × 单位井深投资调整值 +（实际井数 / 基准井数 –1）/10% × 单位井数投资调整值

例如：拟建某盐穴储气库建库规模为 $25 \times 10^8 m^3$，井深 1500m，部署井 76 口，估算拟建盐穴储气库建项目建设投资结果如下：其中规模投资参考指标取 71.11 亿元，基准体积取 $28 \times 10^4 m^3$，基准井深取 1500m，基准井数取 70 口，单位有效体积投资调整值取 $1.76 \times 10^8$ 元 $/10^8 m^3$，单位井数投资调整值取 4.68 亿元 / 口井。

拟建盐穴储气库建项目建设投资 = 规模投资参考指标 +（基准体积 – 实际单腔有效体积）/2 × 单位有效体积投资调整值 +（基准井深 – 实际井深）/200 × 单位井深投资调整值 +（实际井数 / 基准井数 –1）/10% × 单位井数投资调整

值 =71.11+（28−25）/2×1.76+（1500−1200）/200×0.82+（76/70−1）10%×4.68=78.99（亿元）

### （三）单位容积指标法

单位容积指标法根据估算投资所采用容积类型的不同，单位容积指标法可分为单位库容指标法和单位工作气量指标法。

#### 1. 单位库容指标法

单位库容指标法是指根据已建盐穴储气库工程单位库容投资指标，结合拟建盐穴储气库建设项目库容，编制盐穴储气库建设项目投资的方法。

计算公式为：

匡算投资 = 单位库容投资参考指标 × 拟建盐穴储气库项目库容

例如：根据国内已建盐穴储气库投资分析，单位库容投资指标约为 2.60～3.4 元 /$m^3$，结合拟建盐穴储气库实际情况，单位库容投资指标确定为 2.78 元 /$m^3$，拟建盐穴储气库建设规模为 30×$10^8 m^3$，估算该盐穴储气库项目建设投资 83.52 亿元。

拟建盐穴储气库项目投资 = 单位库容投资参考指标 × 拟建盐穴储气库项目库容 =2.784×30=83.52（亿元）

#### 2. 单位工作气量指标法

单位工作气量指标法是指根据已建盐穴储气库工程单

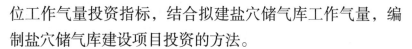

位工作气量投资指标，结合拟建盐穴储气库工作气量，编制盐穴储气库建设项目投资的方法。

计算公式为：

匡算投资 = 单位工作气量投资参考指标 × 拟建盐穴储气库项目工作气量

例如：根据国内已建盐穴储气库投资分析，单位工作气量投资指标约为 $4.30\sim5.60$ 元 $/m^3$，结合拟建盐穴储气库实际情况，拟建盐穴储气库工程，单位工作气量投资指标确定为 $4.64$ 元 $/m^3$，拟建盐穴储气库工作气量为 $18\times10^8 m^3$，估算该盐穴储气库项目建设投资 83.52 亿元。

拟建盐穴储气库项目投资 = 单位工作气量投资参考指标 × 拟建盐穴储气库项目工作气量 $=4.64\times18=83.52$（亿元）

（四）类比工程法

类比法是利用已建盐穴储气库项目的技术经济成果资料，将拟建盐穴储气库项目与已完工的盐穴储气库项目进行比较，对已建盐穴储气库项目工程投资进行换算、修正和调整来估算拟建盐穴储气库项目工程投资的方法。

拟建盐穴储气库项目工程投资 = 已建盐穴储气库项目工程投资 + 工程投资情况修正额 + 建设日期调整额 + 建设项目状况调整额 = 已建盐穴储气库项目工程投资 × 工程投资情况修正系数 × 建设日期调整系数 × 建设项目状况调整系数

类比法的理论依据是工程投资形成替代原理，通过从大量的已建类似项目实例中选取一定数量、符合一定条件的作为可比实例。对这些可比实例的工程投资依次进行换算、修正和调整。"换算"即建立投资可比基础，它是将各可比实例的工程投资处理为口径一致，相互可比；"修正"即工程投资情况修正，它是将可比实例实际而可能是不正常的工程投资修正为正常的工程投资；"调整"包括建设日期调整和建设项目状况调整，其中建设日期调整是将可比实例在其建设时的工程投资调整为在拟建项目建设时的工程投资，建设项目状况调整就是将可比实例在其状况下的工程投资调整为拟建项目状况下的工程投资。然后将这些经过换算、修正、调整之后的若干个可比实例的工程投资，采用平均数、中位数或众数方法综合出拟建项目工程投资。

## 二、盐穴储气库建设投资的分类估算法

盐穴储气库建设投资的分类估算法是对构成盐穴储气库项目建设投资的各类投资，即前期评价费、工程费用（包括钻井工程费、造腔工程费、注气排卤及注采完井工程费、地面工程费等）、工程建设其他费用及预备费、垫底气费、原有资产购置费分类进行估算。

估算大致分为七个步骤：

第一步，分别估算盐穴储气库建设项目所需前期评价费、工程投资、垫底气费和原有资产购置费。

第二步，汇总钻井工程费、造腔工程费、注气排卤及注采完井工程费、地面工程费得出盐穴储气库建设项目工程费用。

第三步，在工程费用的基础上估算工程建设其他费用。

第四步，在工程费用和工程建设其他费用的基础上估算预备费。

第五步，在确定工程费用分年计划的基础上估算涨价预备费。

第六步，汇总工程费用、工程建设其他费用和预备费求得工程投资。

第七步，汇总求得建设投资。

（一）前期评价费估算

1.地震采集及处理工程费估算

1）工程类比估算法

工程类比估算法是指利用拟建项目与技术标准、地表条件、自然条件、施工难易程度相似或相同条件的项目进行类比，借用投资参数的估算方法。

工程类比估算法的编制方法就是在选取了单位面积（长度）的生产炮数（即炮密度）、仪器记录道数的基础上，考虑不同地形地类以及综合物价浮动对投资估算产生的影响，进行投资估算编制。其估算公式如下：

$$G = \frac{d}{d_1} \cdot \left( \frac{Np}{N_1 p_1} \right)^{0.2} \cdot G_1 C_p$$

式中　$G_1$——类似项目的投资单价（或结算单价）；

　　　$G$——拟建项目投资单价；

　　　$d_1$——类似项目地形地类系数；

　　　$d$——拟建项目地形地类系数；

　　　$N_1$——类似项目的仪器接收道数；

　　　$p_1$——类似项目的炮密度；

　　　$N$——拟建项目的仪器接收道数；

　　　$p$——拟建项目的炮密度；

　　　$C_p$——价格指数。

其中：地形地类系数反映的是地震采集处理工程中地形地貌对投资估算的影响；价格指数反映的是人工价格、材料价格等对投资估算的影响，其计算方法是根据国家统计局公布的年度统计报表中的职工平均工资指数、原材料购进价格指数、工业品出厂价格指数，按人工费、燃料、工业品分别占一定比例，计算出各年价格调整系数。

2）定额估算法

定额估算法是以现行概预算定额为依据，编制投资估算的方法。依据概预算定额规定的各工程项目的人工、材料、机械消耗量和工程施工所在地人工费单价、材料预算单价和机械台班单价分项计算。编制估算的方法、步骤与编制预算基本相同。

2. 评价井费用估算

评价井费包括评价井工程设计及井位论证、钻探、测井、取心、录井、岩心扫描、钻探施工监理等费用。评价井工程设计及井位论证部分可参照国家建设部颁发的工程设计收费标准执行；钻探施工监理部分可参照国家发展改革委员会、住房和城乡建设部联合下发的《建设工程监理与相关服务收费管理规定》执行；钻探、测井、取心、录井、岩心扫描等可参照钻井工程投资估算方法计算。

### 3. 先导性试验费估算

先导性试验工作主要是解决复杂盐岩地层盐穴储气库建设厚夹层的可溶性和垮塌性问题，优化造腔工艺和储气库运行上限压力，以及优化固井工艺提高固井质量等盐穴储气库建设关键技术。先导性试验工程通常包括地质与盐穴工程、钻完井工程、造腔工程和地面工程等。钻完井工程估算可按照钻井工程投资估算方法计算；造腔工程可按照造腔工程投资估算方法计算；地面工程可按照地面工程投资估算方法计算。

### 4. 地质研究费估算

地质研究费一般按照试验研究内容实际情况计算。

### （二）工程投资估算

#### 1. 钻井工程投资估算

##### 1）估算指标法

估算指标法指采用钻井工程投资估算指标和拟建盐穴储气库建设项目钻井工程工程量编制钻井工程投资估算的方法。

　　钻井工程投资＝单井钻井固定费用 × 井数 + 单井变动费用 × 钻井进尺 + 钻井周期影响投资调整（单井钻井周期变化投资调整值 × 钻井周期变化调整值 × 井数）

　　例如：某拟建盐穴储气库钻井工程，部署井位 20 口，单井井深 1800m，钻井周期为 2 台·月。投资估算指标取单井钻井固定费用为 243 万元 / 口，单井变动费用为 4641 元 /m，单井钻井周期变化投资调整值（每台·月）为 54 万元，钻井周期平均 1.5 台·月。估算该盐穴储气库项目钻井工程投资为 22107.6 万元。

　　钻井工程投资＝单井钻井固定费用 × 井数 + 单井变动费用 × 钻井进尺 + 钻井周期影响投资调整（单井钻井周期变化投资调整值 × 钻井周期变化调整值 × 井数）= 243 × 20+（4641 × 20 × 1800）÷ 10000+54 ×（2–1.5）× 20= 22107.6（万元）。

　　2）工程量法

　　工程量法指根据设计提供的钻井工程量，按现行的投资概算指标、定额及设备材料价格对盐穴储气库建设项目钻井工程投资进行估算的方法。采用此种方法，应有较详细的工程资料、材料设备价格和工程费用指标信息，投入的时间、工作量大。

　　盐穴储气库井与常规油气井相比，井筒压力、井眼尺寸和套管尺寸、储气空间类型、工序、工艺要求、井口装置、管材强度和气密性要求等方面均不同，不能直接套用钻井工程概算指标。通常以常规油气井投资为基础，通过

盐穴储气库建设项目投资管理及控制

比较盐穴储气库井与常规井的异同，引入破岩体积系数和井深难度系数，建立钻井周期数学模型，形成符合盐穴储气库井钻井工程投资的方法。具体调整可按以下方法进行：

（1）破岩体积系数。

破岩体积系数是单位深度下盐穴储气库井裸眼体积与常规井眼裸眼体积的比值。它表征由于钻头直径不同而造成同等进尺下破岩量的不同。

$$C_r = V_s / V_c$$

式中　$C_r$——破岩体积系数；

　　　$V_s$——储气库井裸眼体积，$m^3$；

　　　$V_c$——常规井裸眼体积，$m^3$。

破岩体积系数等于不同钻头半径的平方的比值。

（2）井深难度系数。

随着井深的增加，地层压力、地层温度、岩石强度、地层复杂性等随之增加，主要体现在单位进尺所需的钻井时间越来越长，另外，出现复杂、事故的几率以及相应的处理时间也随之增加，也就是难度增加了。钻井难度与井深之间呈指数关系。用井深难度系数来表征这一规律。

$$C_d = 0.1 \times 2^{H/1000}$$

式中　$C_d$——难度系数；

　　　$H$——井深，m。

（3）储气库井增加周期。

储气库井增加周期采用分段计算再求和的方法。

· 84 ·

$$\Delta T = \sum_{i=1}^{n} \left( \Delta T_i \cdot C_{ri} \cdot C_{di} \right)$$

式中　$\Delta T$——特殊井增加周期，台·月；

　　　$T_i$——第 $i$ 井段常规井周期，台·月；

　　　$C_{ri}$——第 $i$ 井段破岩体积系数；

　　　$C_{di}$——第 $i$ 井段难度系数。

储气库井钻井周期等于常规井钻井周期与增加周期之和。根据储气库井周期，套用常规井周期费用定额，确定储气库井费用。

储气库井与常规井不同，钻井工程中的钻头、钻井液、套管、套管工具及附件、固井水泥、水泥添加剂等材料费用按实际结算。

3）指标法

指标法是指在钻井系统工程中某项目工程量不确定的情况下，利用综合单价指标进行钻井工程投资估算的方法。

钻井工程估算投资 $= \sum$ 分部分项工程工程量 $\times$ 综合单价

4）系数法

系数法是指根据已完成相似井中某项工程实际发生费用为基数，利用系数调整进行钻井工程投资估算的方法。

钻井工程估算投资 $= \sum$ 已完类似钻井工程分部分项工程
实际投资 $\times$ 调整系数

2. 造腔工程估算

1）估算指标法

估算指标法指采用造腔工程投资估算指标和拟建盐穴储气库建设项目造腔工程工程量编制工程估算的方法。

造腔工程投资 = 造腔工程单井固定费用 + 单井变动费用 × 单腔容积 + 造腔周期影响投资调整

其中：造腔周期影响投资调整 = 单腔受周期影响的每方有效容积的费用 × 单腔容积 ×（拟建盐穴储气库造腔周期 – 投资估算指标造腔周期）。

例如：某拟建盐穴储气库工程拟造腔 $28 \times 10^4 m^3$，造腔周期为 60 个月。投资估算指标取造腔工程固定费用为 153 万元，造腔变动费用为 84 元 $/m^3$，造腔周期为 52 个月，单腔受周期影响的每方有效容积的费用为 1.35 元 /（$m^3 \cdot$ 月），估算该盐穴储气库项目造腔工程投资 2807.4 万元。

造腔工程投资 = 造腔工程单井固定费用 + 单井变动费用 × 单腔容积 + 造腔周期影响投资调整 =153+84 × 28+1.35 × 28 ×（60–52）=2807.4（万元）

2）实物量分析法

实物量分析法是指根据设计文件确定的造腔工程具体工作内容、工作要求、施工条件以及确定的施工方案，对造腔工程项目进行资源配置，编制项目投资估算的一种方法。

要求对造腔作业、造腔材料、大宗材料运输、造腔技术服务及其他作业等费用逐项分析。

造腔作业费由直接费、间接费、风险费和利润构成。直接费由人工费、材料费（水、电、柴油）、设备费（折旧费、修理费、租赁费）及其他直接费（管柱维修费、管柱防腐费、注退油施工费）构成；间接费由企业管理费、QHSE 专项费及科技进步发展费构成。

造腔材料费包括套管、套管附件和井口装置的费用。

大宗材料运输费包括套管及附件运输、井口装置运输、水运输及柴油运输的费用。

造腔技术服务费包括腔体密封性检测费、腔体形态检测费、油水界面检测费及卤水浓度化验费等。

其他作业费包括环保处理费和地貌恢复等。

3）工程类比法

工程类比法是指新建盐穴储气库建设项目造腔工程与已建或在建盐穴储气库建设项目造腔工程技术标准、造腔工艺、施工难易程度及造腔周期等因素进行比较，对已有造腔工程投资进行修正调整，估算新建盐穴储气库建设项目造腔工程投资的方法。

拟建盐穴储气库造腔工程估算投资 = 已完类似盐穴储气库造腔工程投资 × 造腔规模情况修正系数 × 造腔周期情况修正系数 × 造腔工艺情况修正系数

3. 注气排卤及注采完井工程估算

1）估算指标法

估算指标法指采用注气排卤及注采完井工程投资估算指标和拟建盐穴储气库建设项目注气排卤及注采完井工程

工程量编制工程估算的方法。

注气排卤及注采完井工程投资 = 注气排卤及注采完井工程单井固定费用 + 单井变动费用 × 单腔容积 + 注气排卤周期影响投资调整

其中：注气排卤影响投资调整 = 注气排卤受周期影响的每方有效容积的费用 × 单腔容积 × （拟建盐穴储气库排卤时间 – 投资估算指标排卤时间）。

例如：某拟建盐穴储气库工程单腔容积 $28 \times 10^4 \ m^3$，注气排卤时间 150 天。投资估算指标取注气排卤及注采完井工程单井固定费用为 504 万元，单井变动费用为 15.8 元 $/m^3$，注气排卤时间为 130 天，注气排卤受周期影响的每方有效容积的费用为 0.12 元 /（$m^3 \cdot$ 日），估算该盐穴储气库项目注气排卤及注采完井工程投资 1013.6 万元。

注气排卤及注采完井工程投资 = 注气排卤及注采完井工程单井固定费用 + 单井变动费用 × 单腔容积 + 注气排卤周期影响投资调整 =504+15.8 × 28+0.12 × 28 ×（150–130）=1013.6（万元）

2）实物量分析法

实物量分析法是指根据设计文件确定的注采完井工程及注气排卤工程具体工作内容、工作要求、施工条件以及确定的施工方案，对造腔工程项目进行资源配置，编制项目投资估算的一种方法。

注采完井工程的实物工作量及费用估算包括完井作业费用（设备搬迁、井间搬迁费、井场准备、开工准备、通井刮削、起造腔管柱、下注采管柱、下排卤管柱、井口安装费用）、完井材料费用（注采套管、排卤油管、管件及附件、采气树、完井井下工具、环空保护液费用）、大宗材料运输费用（套管及管件运输、采气树运输、完井井下工具运输、卤水运输、环空保护液运输），以及完井技术服务费用（气密封检测、气水界面检测）。

注气排卤工程实物工作量及费用估算包括直接费（人工费、材料费、机械费）、其他直接费（企业管理费）、利润、其他作业费（环保处理费、地貌恢复费）等。

3）工程类比法

工程类比法是指新建盐穴储气库建设项目注气排卤注采完井工程与已建或在建盐穴储气库建设项目注气排卤注采完井工程技术标准、施工工艺、施工难易程度、作业时间等因素进行比较，对已有注气排卤注采完井工程投资进行修正，估算新建盐穴储气库建设项目注气排卤注采完井工程投资的方法。

4.地面工程估算

1）规模指数法

规模指数法是以拟建盐穴储气库项目有效工作气量和部署井数为基础，根据有效工作气量变动费用指标和单井固定费用指标，分别求出地面工程变动投资和固定投资，汇总得出地面工程总投资。

地面工程投资=有效工作气量变动费用指标 × 有效工作气量 × 规模指数+单井固定费用指标 × 井数

根据对典型盐穴储气库建设项目投资分析，有效工作气量变动费用指标为 1.86 元 /m³，单井固定费用指标为 1466 万元 / 口井，规模指数取值为 0.65。

例如：某拟建盐穴储气库工程总有效库容 $28 \times 10^8$ m³，有效工作气量 $16.8 \times 10^8$ m³，部署井位 20 口，估算该盐穴储气库项目地面工程投资 232432 万元。

地面投资 = 有效工作气量变动费用指标 × 有效工作气量 × 规模指数 + 单井固定费用指标 × 井数 $=1.86 \times 16.8 \times 10^8 \times 0.65/10000+1466 \times 20=232432$（万元）

2）工程量法

工程量法指根据设计文件提供的盐穴储气建设项目地面工程各专业详细工程量，套用相应的计价依据，如概算指标（或定额），编制工程投资估算的方法。采用此种方法估算投资，需要应用较详细的工程资料、材料设备价格和工程费用指标信息等，需投入较多的时间及工作量。

3）估算指标法

估算指标法是以地面工程单项投资估算指标和拟建盐穴储气库建设项目地面工程工程量编制工程估算的方法。

地面工程投资 = 输气干线投资 + 注采气站工程投资 + 地面集输工程投资 + 注水站工程投资 + 造腔地面配套工程投资 + 公用辅助工程投资

5. 输气干线管道工程估算

输气管道工程投资估算编制方法主要分为管径壁厚因子估算法、管材费系数估算法、单位吨千米输量投资指标估算法、输量规模指数估算法、分项工程投资指标估算法、吨钢材投资指标估算法、单位工程分项估算法、工程量法、估算指标法。投资估算原则上应采用工程量法进行详细估算。

6. 应列入工程费用中的几项费用

1）施工单位健康安全环境管理增加费

施工单位健康安全环境管理增加费是指施工单位在建设安装施工过程中，为达到规定的标准，而增加的有关管理费用、脚手架搭拆和使用等措施费用，以及超出《石油建设安装工程费用定额》标准规定的健康安全环境施工保护和临时设施费。

施工单位健康安全环境管理增加费＝安装工程费（不含主材费）×施工单位健康安全环境管理增加费费率。施工单位健康安全环境管理增加费费率为1.8%。

2）国内设备运杂费

国内设备运杂费是指从国内制造厂家运至施工现场所发生的运输费、装卸费、包装费、采购管理费（含采购代理费）、保管费、港口建设费、运输保险费等。

国内设备（长输管道管段除外）运杂费＝设备出厂价×国内设备运杂费费率。地下盐穴储气库工程建设集中在我国中东部地区，其国内设备运杂费费率按4%～5%计算。

长输管道管段运杂费按从钢管制造厂至中转库的运输实际情况计算。

3）国内主材运杂费

国内主材运杂费是指安装工程中主材从国内制造厂家或供货地运至施工现场或油气田企业的中心仓库所发生的运输费、装卸费、包装费、采购管理费（含采购代理费）、保管费、港口建设费、运输保险费等。

国内主材运杂费 = 主材出厂价 × 国内主材运杂费费率。地下盐穴储气库工程建设集中在我国中东部地区，国内主材运杂费费率按 5.5% 计算。

中心仓库至施工场地的短途运费发生时另计。

4）进口设备材料国内运杂费

进口设备材料国内运杂费是指从合同确定的我国到岸港口或我国接壤的陆地交货点至施工现场所发生的运输费、装卸费、包装费、采购管理费、保管费、运输保险费以及在港口发生的费用等。

进口设备材料国内运杂费 = 进口设备材料到岸价（C.I.F）× 人民币外汇牌价（中间价）× 进口设备材料国内运杂费费率。地下盐穴储气库工程建设集中在我国中东部地区，进口设备材料国内运杂费费率按 1.5%~2.5% 计算。

5）进口设备材料从属费用

进口设备材料从属费用包括国外运输费、国外运输保险费、进口关税、进口环节增值税、外贸手续费和银行财务费。

国外运输费 = 进口设备材料离岸价（F.O.B）× 人民

币外汇牌价（中间价）× 国外运输费费率。国外运输费费率为 4.5%。

国外运输保险费 ＝［进口设备材料离岸价（F.O.B）× 人民币外汇牌价（中间价）＋ 国外运输费］× 国外运输保险费费率。国外运输保险费费率为 0.15%。

进口关税 ＝ 进口设备材料到岸价（C.I.F）× 人民币外汇牌价（中间价）× 进口关税税率。其中进口设备材料到岸价（C.I.F）＝ 进口设备材料离岸价（F.O.B）＋ 国外运输费（外币金额）＋ 国外运输保险费（外币金额）。进口关税税率按照海关总署公布的税则执行。

进口环节增值税 ＝［进口设备材料到岸价（C.I.F）× 人民币外汇牌价（中间价）＋ 进口关税］× 增值税税率。增值税税率为 17%。外贸手续费 ＝ 进口设备材料到岸价（C.I.F）× 人民币外汇牌价（中间价）× 外贸手续费费率。外贸手续费费率为 1%。

银行财务费 ＝ 进口设备材料离岸价（F.O.B）× 人民币外汇牌价（中间价）× 银行财务费费率。银行财务费费率为 0.15%。

7. 工程建设其他费用

工程建设其他费用包括建设用地费（土地有偿使用费、征地补偿费用、拆迁补偿费用、土地出让和转让金）、赔偿费、前期工作费（项目筹建费、可行性研究报告编制及评估费、申请核准费）、建设管理费（建设单位管理费、工程质量监督费、建设工程监理费、设备监造费、造价咨询费、建设单位健康安全环境管理费、项目管理承包费）、专项评价及验收费（环境影响评价及验收费、安全预评价及验收费、职业病危害预评价及控制效果评价费、地震安全性评价费、地质灾害危险性评价费、水土保持评价及验收费、压覆矿产资源评价费、节能评估费、危险与可操作性分析及安全完整性评价费、其他专项评价及验收费）、研究试验费、勘察设计费、场地准备和临时设施费、引进技术和进口设备材料其他费（引进项目图纸资料翻译复制费、出国人员费、来华人员费、进口设备材料国内检验费）、工程保险费、联合试运转费、特殊设备安全监督检验标定费、施工队伍调遣费、专利及专有技术使用费，以及生产准备费（生产人员提前进场费、生产人员培训费、工器具及生产家具购置费、生活家居购置费）。上述费用的计算一般有相应的国家和地方标准，这里不再详述。

8. 预备费

预备费包括基本预备费和价差预备费。

1）基本预备费

基本预备费是指针对项目实施过程中可能发生的难以预料的支出而事先预留的费用，又称工程建设不可预见费，主要指设计变更及施工过程中可能增加工程量的费用，基本预备费一般由以下四部分构成：在批准的初步设计范围内，技术设计、施工图设计及施工过程中所增加的工程费用，设计变更、工程变更、材料代用、局部地基处理等增加的费用；一般自然灾害再次的损失和预防自然灾害所采取的措施费用，实施工程保险的项目，该费用可适当降低；竣工验收时为鉴定工程质量对隐蔽工程进行必要的挖掘和修复费用；超规超限设备运输增加的费用。

基本预备费＝（工程费用＋其他费用）× 基本预备费费率。基本预备费率按表 4-1 费率计算。

表 4-1　基本预备费费率表

| 序号 | 建设项目 | 项目建议书或预可行性研究阶段 | 可行性研究阶段 | 初步设计阶段 |
|------|----------|------------------------------|----------------|--------------|
| 1 | 项目人民币部分 | 10%～12% | 8%～10% | 6%～7% |
| 2 | 项目外汇部分 | 4%～6% | 2%～4% | 0%～1% |

注：项目外汇部分包括进口设备材料的货价和从属费用，不包括国外专利和专有技术使用费。

2）价差预备费

价差预备费是指在建设期内由于人工、设备、材料、机械等价格上涨以及政策调整、费率、利率、汇率变工程造价变化的预留费用。

计算公式：

$$PF = \sum_{t=1}^{n} I_t \left[ (1+f)^m (1+f)^{0.5} (1+f)^{t-1} - 1 \right]$$

式中　$PF$——价差预备费；

$n$——建设期年份；

$I_t$——建设期中第 $t$ 年的投资计划额，包括工程费用、工程建设其他费用及基本预备费，即第 $t$ 年的静态投资计划额；

$f$——年涨价率；

$m$——建设期年限。

### （三）垫底气费用估算

垫底气是指投产初期需要提前向盐穴储气库中注入一定量的天然气或其他非可燃性气体，使储气库的压力上升到最低工作压力，并在运行期间长期留在储气库中的天然气，其目的是使盐穴储气库内保持一定的压力，以保证按时能从储气库中采出所需的天然气。

盐穴储气库垫底气全部为从外部购入并注入盐腔中的垫底气，其费用按照垫底气量和垫底气价格计算，垫底气价格包括气源价格加上从气源到储气库的管输及注入成本。价格所包含的增值税需单独列示。

$$垫底气费 = 垫底气量 \times 垫底气价格$$

### （四）原有资产购置费估算

原有资产购置费指老腔收购及矿权获得等费用。老腔收购指从盐化企业购买老腔所需费用。矿权转让是指探矿权人或采矿权人在法律、法规规定的条件下，经依法批准，以出让、作价出资等形式，将探矿权、采矿权转让给他人的行为。盐穴储气库是利用盐矿建设的，盐穴储气库建设者以价值补偿方式从探矿权人或采矿权人获取盐矿所有权及使用权等权利，所支付的费用为矿权获得费，一般以矿权价值评估为基础计算。

# 第三节　盐穴储气库建设期贷款利息及流动资金估算

## 一、建设期贷款利息估算

建设期利息主要是指在建设期间内发生的为工程项目筹措资金的融资费用及债务资金利息。

建设期利息的计算，需要根据项目进度计划、建设投资分期计划及分年投资额计算，同时根据不同情况选择名义年利率或有效年利率。

当总贷款是分年发放时，建设期利息的计算可按当年借款在年中支用考虑，即当年贷款按半年计息，上年贷款按全年计息，计息公式为：

$$q_j = ( P_{j-1} + 1/2 A_j ) \times i$$

式中　$q_j$——建设期第 $j$ 年应计利息；

$P_{j-1}$——建设期第（$j-1$）年累计贷款本金与利息之和；

$A_j$——建设期第 $j$ 年贷款金额；

$i$——年利率。

## 二、流动资金估算

流动资金是生产经营性建设项目投产后，为进行正常的生产经营所需的周转资金，等于流动资产与流动负债的差额，但不包括运营中临时性需要的营运资金，等于流动资产与流动负债的差额。

流动资金的估算基础是经营成本，因此，流动资金估算应在经营成本估算之后进行。

流动资金估算可根据前期研究的不同阶段分别采用扩大指标估算法估算和分项详细估算法估算。初步可行性研究阶段可采用扩大指标估算法估算，可行性研究阶段采用分项详细估算法估算。

（一）扩大指标估算法

扩大指标估算法是参照同类储气库项目流动资金占经营成本的比例估算流动资金。流动资金估算比例可采用正常年份经营成本的 15%～20%。具体比例视项目情况确定。盐穴储气库垫底气的流动资金估算比例不在此列，应单独计算。

（二）分项详细估算法

分项详细估算法是对流动资产和流动负债的构成要素，即存货、现金、应收账款、预付账款、应付账款、预收账款等项内容分别进行估算。其中，预付账款和预收账款难以预测可不予考虑，计算公式为：

$$流动资金 = 流动资产 - 流动负债$$

$$流动资产 = 存货 + 现金 + 应收账款$$

$$流动负债 = 应付账款$$

$$流动资金本年增加额 = 本年流动资金 - 上年流动资金$$

流动资金的估算首先确定各分项最低周转天数，计算周转次数，然后进行分项估算。各类流动资产和流动负债的最低周转天数参照同类企业的平均周转天数并结合项目特点确定，应充分考虑储存天数及适当的保险天数。周转次数的计算公式为：

$$周转次数 = 360 \div 最低周转天数$$

1. 流动资产

流动资产是指在 1 年内或者超过 1 年的一个营业周期内变现或耗用的资产，主要包括货币资金、短期投资、应收及预付账款、存货、待摊费用等。为简化计算，项目评价中仅考虑存货、应收账款和现金三项。

1）存货

存货是指企业生产过程中将要消耗物料，或仍处于生产过程中的在产品，包括各种材料、燃料和在产品等。根据盐穴储气库投资项目特点，为简化计算，项目经济评价中存货仅考虑外购材料、燃料动力，并分项计算，外购材料、燃料动力最低周转天数为 15～20 天。计算公式为：

$$存货 = 外购材料 + 外购动力$$

$$外购材料 = 外购材料费 \div 外购材料周转次数$$

$$外购燃料动力 = 外购燃料动力费 \div 外购燃料周转次数$$

2）应收账款

应收账款是企业对外销售商品或提供服务尚未收回的

资金，应收账款周转天数为 30～45 天。

计算公式为：

$$应收账款 = 经营成本 \div 应收账款周转次数$$

3）现金

现金是指企业为维持正常生产运营必须预留的货币资金，现金的最低周转天数为 15～30 天。计算公式为：

$$现金 = （年运行成本 + 其他管理费 + 营业费用） \times$$
$$比例 \div 现金周转次数$$

式中比例为需用货币支出的费用占年运行成本、其他管理费用、营业费用总和的比例，根据储气库实际统计数据确定。

2. 流动负债

流动负债是指在 1 年内或者超过 1 年的一个营业周期内偿还的债务，主要包括短期借款、应付账款、预收账款、应付工资、应付福利费、应交税金、应付股利、预提费用等。为简化计算，项目评价中仅考虑应付账款。

应付账款是因购买材料、燃料、动力或接受劳务等而发生的债务，是买卖双方在购销活动中取得物资和支付货款在时间上不一致而产生的负债，应付账款最低周转天数 30～45 天，计算公式为：

$$应付账款 = （年运行成本 + 其他管理费 + 营业费用） \times$$
$$比例 \div 应付账款周转次数$$

式中比例为外购材料、燃料、动力等费用占年运行成本、其他管理费用、营业费用总和的比例。根据实际统计数据确定。流动资金一般应在项目投产前开始筹措。为简化计算，流动资金可在投产第一年开始安排，并根据不同的生产运营计划分年进行估算。

# 参 考 文 献

丁国生，张昱文，等，2010.盐穴地下储气库［M］.北京：石油工业出版社.

黄伟和，刘文涛，司光，等，2010.石油天然气钻井工程造价理论与方法［M］.北京：石油工业出版社.

黄伟和，2016.钻井工程造价管理概论［M］.北京：石油工业出版社.

全国造价工程师执业资格考试培训教材编审委员会，2017.建设工程计价［M］.2017年版.北京：中国计划出版社.

杨勇，种德俊，王海军，等，2016.储气库井钻井工程造价方法探讨［J］.石油工程造价管理（3）：19～21.

许建军，薛飘，刘康勇，等，2002.长输管道建设项目投资估算的几种方法［J］.石油工程建设（3）：43～44.

李涛，2013.工程类比估算法编制地震勘探投资估算［J］.石油工程造价管理（1）：35～41.

# 第五章　盐穴储气库工程投资控制措施制定的基础

　　盐穴储气库工程投资控制措施制定的基础是工程投资结构及投资习性分析，选择适合的投资控制的方法，确定合理的投资控制基本原则、目标和总体思路，认清投资控制的影响因素及难点。在此基础上，才可能制定具有较强针对性的盐穴储气库工程投资控制措施。

## 第一节　盐穴储气库工程投资结构及投资习性分析

### 一、盐穴储气库工程投资结构分析

　　准确分析盐穴储气库投资结构和水平，对于明确盐穴储气库建设项目投资控制重点和难点，提出切实可行的控制措施，有效控制盐穴储气库建设投资具有至关重要的意义。通过对中国已建、正建和待建的 A，B，C 及 D 盐穴储气库投资结构进行分析，试图为合理、有效控制投资提供依据。盐穴储气库建设项目投资结构分析包括总投资结构分析、单项工程投资结构分析、单位工程投资结构分析等三个层次。

## （一）总投资结构分析

总投资结构分析是指对盐穴储气库项目总投资构成及占比进行分析，找出影响盐穴储气库建设项目总投资的关键因素，明确盐穴储气库建设项目投资控制的关键单项工程。表 5-1 详细列举了中国已建、正建和待建的 A，B，C 及 D 盐穴储气库投资基本构成占比情况。

表 5-1 中国盐穴储气库建设项目投资比例构成

| 序号 | 投资项 | 占总投资比例（%） | | | |
|------|--------|--------|--------|--------|--------|
| | | A 储气库 | B 储气库 | C 储气库 | D 储气库 |
| | 项目总投资 | 100.00 | 100.00 | 100.00 | 100.00 |
| I | 建设投资 | 96.56 | 96.80 | 95.81 | 98.91 |
| 一 | 前期评价费 | 0.47 | 0.88 | 2.17 | 0.52 |
| 二 | 工程投资 | 63.92 | 48.73 | 65.34 | 58.13 |
| （一） | 工程费用 | 52.61 | 40.57 | 52.18 | 47.27 |
| 1 | 钻井工程 | 6.32 | 4.34 | 7.19 | 5.40 |
| 2 | 造腔工程 | 16.50 | 14.45 | 14.18 | 13.84 |
| 3 | 老腔利用工程 | 1.98 | 0.00 | 0.23 | 0.00 |
| 4 | 注气排卤工程 | 7.32 | 5.90 | 9.86 | 5.29 |
| 5 | 地面工程 | 20.49 | 15.88 | 20.72 | 22.74 |
| （二） | 其他费用 | 7.56 | 4.82 | 9.30 | 5.58 |
| （三） | 预备费 | 3.75 | 3.34 | 3.86 | 5.28 |

| 序号 | 投资项 | 占总投资比例（%） | | | |
| --- | --- | --- | --- | --- | --- |
| | | A 储气库 | B 储气库 | C 储气库 | D 储气库 |
| 三 | 垫底气费 | 31.93 | 43.04 | 26.52 | 37.50 |
| 四 | 原有资产购置费 | 0.00 | 3.74 | 1.39 | 2.46 |
| 五 | 合作、检测等 | 0.24 | 0.41 | 0.39 | 0.30 |
| Ⅱ | 建设期贷款利息 | 3.32 | 2.89 | 4.09 | 0.80 |
| Ⅲ | 铺底流动资金 | 0.12 | 0.31 | 0.10 | 0.30 |

通过对表 5-1 数据统计和分析，可以看出，储气库总投资结构中，地下工程（钻井工程、造腔工程、注气排卤工程、老腔利用工程）投资占总投资的 24.53%~32.12%，平均占 27.10%；地面工程投资占总投资的 15.88%~22.74%，平均占 19.44%；垫底气投资占总投资的 26.52%~43.04%，平均占 36.86%；其他费用占总投资的 4.82%~9.3%；预备费占总投资的 3.34%~5.28%；矿权转让费（原有资产购置费）和建设期利息、铺底流动资金、前期评价费所占比例很小。垫底气、地下工程投资投资比例占据盐穴储气库建设项目总投资的前二位，是盐穴储气库建设项目投资控制的关键工程。

（二）单项工程投资结构分析

单项投资结构分析是指对构成盐穴储气库项目的单项工程投资构成及占比进行分析，找出影响盐穴储气库建设项目关键单项工程投资的关键因素，明确单项投资控制的关键因素。构成盐穴储气库建设项目单项工程有多项，但并不是对所有的单项投资结构及水平进行分析，而仅对储气库建设项目总投资影响较大的地下工程等重要单项工程投资构成和水平进行分析。表5-2详细列举了中国已建、正建和待建的A，B，C及D盐穴地下储气库地下工程投资基本构成比例。

表5-2 中国盐穴储气库建设项目地下工程投资结构比例

| 序号 | 投资项 | 占总投资比例（%） | | | |
|---|---|---|---|---|---|
| | | A储气库 | B储气库 | C储气库 | D储气库 |
| 1 | 钻井工程 | 19.68 | 17.55 | 22.86 | 22.00 |
| 2 | 造腔费用 | 51.38 | 58.54 | 45.06 | 56.44 |
| 3 | 注气排卤工程 | 22.79 | 23.91 | 31.34 | 21.56 |
| 4 | 老井评价及改造 | 6.15 | 0.00 | 0.74 | 0.00 |
| | 合计 | 100.00 | 100.00 | 100.00 | 100.00 |

通过对表5-2数据统计和分析，可以看出：在地下工程中投资结构中，造腔费用占比最大，占地下工程投资的45.06%～58.54%，平均占54.01%；钻井工程费用占地下工程投资的17.55%～22.86%，平均占20.11%；注气排卤工程费用占地下工程投资的21.56%～31.34%，平均占24.34%。造腔工程投资、注气排卤工程投资、钻井工程投

资比例依次占地下工程投资的前三位，是地下工程投资控制的重点工程。

（三）单位工程投资结构分析

单位工程投资结构分析是指对构成盐穴储气库建设项目单位工程投资构成及占比进行分析，分析梳理出影响单项工程投资控制的关键单位工程。构成盐穴储气库建设项目单项工程很多，单项工程又由多个单位工程构成，这里仅对关键单项工程的单位工程投资结构和水平进行分析。如钻井工程作为盐穴储气库建设重要组成部分，投资规模较大，对钻井工程投资中的单井投资结构进行分析有助于有效控制钻井工程投资。表5-3详细列举了中国已建、正建和待建的A，B，C及D盐穴储气库生产井单井投资基本构成。

通过对表5-3数据统计和分析，可以看出，除A储气库单井钻井工程和固井工程投资占单井投资比例略低外，其他三座储气库单井钻井工程和固井工程分部分项工程投资约占单井投资的84%左右，是影响钻井系统工程投资控制的最重要因素，也是钻井系统投资控制的关键工程。

通过对盐穴储气库建设项目总投资结构、单项工程投资结构、单位工程投资结构分析可知，盐穴储气库建设项目投资控制的关键内容是造腔工程、注气排卤工程、钻井工程等，有必要针对这些重点控制内容开展全过程的投资控制，以便有效控制盐穴储气库建设项目的总投资。

表 5-3 中国盐穴储气库生产井单井投资构成对比

| 储气库 | A 储气库 | C 储气库 | B 储气库 | | D 储气库 | |
| --- | --- | --- | --- | --- | --- | --- |
| | | | I 型腔 | II 型腔 | ZX 区块井 | YH 区块井 |
| 井深（m） | 1175 | 1573 | 1812 | 2140 | 1625 | 2125 |
| 钻前工程费用（万元） | 78.37 | 73 | 73 | 73 | 80 | 80 |
| 钻井工程费用（万元） | 601.37 | 762 | 692 | 776 | 800 | 875 |
| 固井工程费用（万元） | 103.79 | 168 | 161 | 178 | 120 | 130 |
| 录井工程费用（万元） | 12.36 | 16 | 17 | 18 | 18 | 20 |
| 测井工程费用（万元） | 39.04 | 56 | 50 | 51 | 50 | 60 |
| 气体密封性检测费（万元） | 23.50 | 32 | 32 | 32 | 32 | 35 |
| 间接费用（万元） | 95.41 | | | | | |
| 合计（万元） | 953.84 | 1107 | 1025 | 1128 | 1100 | 1200 |

# 二、盐穴储气库工程投资习性分析

## （一）投资习性分析定义及模型

投资习性分析是指根据一定条件下投资额变动与主要工程量之间的依存关系，将投资分为固定投资和变动投资。固定投资是指与主要工程量相关性小的分部分项工程投资，对于单井而言，指不随井深、单腔有效体积、施工周期等因素变化而变化的费用；变动投资是指与主要工程量相关性大的分部分项工程投资，对于单井而言，指随井深、单腔有效体积、施工周期等因素变化而变化的费用。

投资习性模型：

$$y=a+bx$$

其中，$y$ 指单项工程投资额，$a$ 指固定资产投资，$b$ 指单位变动投资 $x$ 的变量。

投资习性分析是通过分析影响投资构成的关键因素，建立投资与关键因子依存关系的数学模型，找出投资变化的内在规律。投资习性分析对于挖掘投资控制的潜力，进一步加强项目投资控制，提高项目投资效益具有十分重要的意义。

（二）分项工程投资习性分析

1. 钻井工程投资习性分析

钻井工程投资的主要影响因素是井深和钻井周期，根据钻井工程中分部分项工程与井深的依存关系分为固定投资和变动投资。钻井工程固定投资主要包括钻前工程、井位初勘复测、井具井架调遣及施工准备、录井、取心、地貌恢复等；变动投资包括钻井、钻完井工程、测井等。根据已完成的某盐穴储气库钻井工程投资分析可知（表5-4），固定投资约占钻井工程投资的 30.40%，变动投资约占钻井工程投资的 69.60%。

表 5-4 钻井工程投资习性分析

| 序号 | 项目名称 | 工程费用（万元） | | | 比例（%） |
|---|---|---|---|---|---|
| | | 安装工程费 | 建筑工程费 | 合计 | |
| 一 | 固定投资（与井深函数关系不大） | 3298 | 349 | 3647 | 30.39 |
| 1 | 钻前工程 | 554 | 349 | 903 | 7.53 |
| 2 | 施工准备及调遣 | 1015 | | 1015 | 8.46 |
| 3 | 录井 | 139 | | 139 | 1.16 |
| 4 | 取心 | 474 | | 474 | 3.95 |
| 5 | 试压施工 | 400 | | 400 | 3.33 |
| 6 | 地貌恢复 | 56 | | 56 | 0.47 |
| 7 | 甲方委托费用 | 660 | | 660 | 5.50 |
| 二 | 变动投资（与井深有较好的函数关系） | 8353 | | 8353 | 69.61 |
| 8 | 钻完井工程 | 7579 | | 7579 | 63.16 |
| 9 | 测井工程 | 362 | | 362 | 3.02 |
| 10 | 资料井钻井工程 | 370 | | 370 | 3.08 |
| 11 | 资料井测井工程 | 42 | | 42 | 0.35 |
| | 合计 | 11651 | 349 | 12000 | 100 |

### 2.造腔工程投资习性分析

造腔工程投资的主要影响因素是盐穴有效体积、造腔周期和井数。其中仅与井数相关的投资为固定投资，与单井体积和造腔周期相关的投资为变动投资。变动投资又可分为受盐穴体积影响较大的投资和受盐穴体积和造腔周期影响均较大的投资两部分。

造腔工程固定投资主要包括井下造腔工具、油套管短节、井口装置、腔体密封性检测费、腔体形态检测、油水界面检测费、起下管柱作业费等与井数相关的投资；变动投资包括柴油、柴油注入费、环保处理费、造腔管柱及维修费等与盐穴体积相关的投资以及电费、水费、卤水浓度化验费、注退油施工费、修井机租赁费、地面及辅助设备运行维护费、人员工资及附加等与盐穴体积和造腔周期均相关的投资。

根据已完成的某盐穴气库造腔工程单井投资分析可知（表5-5），固定投资约占造腔工程投资的 6.80%，变动投资约占造腔工程投资的 93.20%。

### 表5-5　造腔工程单井投资习性分析

| 序号 | 项目名称 | 单井投资（万元） | 比例（%） | 备注 |
|---|---|---|---|---|
| 一 | 固定投资 | 153 | 6.80 | |
| 1 | 井下造腔工具、油套管短节 | 60 | 2.67 | |
| 2 | 井口装置 | 17 | 0.76 | |
| 3 | 腔体密封性检测费 | 12 | 0.53 | |
| 4 | 腔体形态检测费 | 64 | 2.84 | |
| 二 | 变动投资 | 2098 | 93.20 | |
| （一） | 与盐穴体积相关的投资 | 340 | 15.10 | |

| 序号 | 项目名称 | 单井投资（万元） | 比例（%） | 备注 |
|------|----------|------------------|-----------|------|
| 5 | 柴油 | 176 | 7.82 | |
| 6 | 柴油注入费 | 60 | 2.66 | |
| 7 | 环保处理费 | 37 | 1.64 | |
| 8 | 造腔管柱及维修费 | 67 | 2.98 | |
| （二） | 与盐穴体积和造腔周期均相关的投资 | 1758 | 78.10 | |
| 9 | 电费 | 1160 | 51.53 | |
| 10 | 水费 | 9 | 0.40 | |
| 11 | 卤水浓度化验费 | 5 | 0.22 | |
| 12 | 注退油施工费 | 499 | 22.17 | |
| 13 | 修井机租赁费 | 25 | 1.11 | |
| 14 | 工资及附加 | 60 | 2.67 | |
| | 合计 | 2251 | 100 | |

## 3. 注气排卤及完井工程投资习性分析

注气排卤及完井工程投资的主要影响因素是盐穴深度、盐穴容积和注气排卤周期。其中与井数相关的投资为固定投资，与单井体积和作业周期相关的投资为变动投资。

注气排卤及完井工程固定投资主要包括下井下工具、不压井作业、气水界面检测费、解堵作业费等与井数相关的投资；变动投资包括注采完井及配合不压井作业费、注气排卤作业费等与单井体积和作业周期相关的投资。

根据已完成的某盐穴气库注气排卤及完井工程投资分析可知（表5-6），固定投资约占注气排卤及完井工程投资的67.78%，变动投资约占注气排卤及钻完井工程投资的32.22%。

表5-6　注气排卤及完井工程投资习性分析

| 序号 | 项目名称 | 工程投资（万元） | 比例（%） | 备注 |
|---|---|---|---|---|
| 一 | 固定投资 | 2236.51 | 67.78 | |
| 1 | 下井下工具费 | 594.75 | 18.04 | |
| 2 | 不压井作业费 | 1437.84 | 43.58 | |
| 3 | 气水界面检测费 | 146.45 | 4.44 | |
| 4 | 解堵作业费 | 57.47 | 1.74 | |
| 二 | 变动投资 | 1062.96 | 32.22 | |
| 5 | 注采完井及配合不压井作业费 | 835.71 | 25.33 | |
| 6 | 注气排卤作业费 | 227.25 | 6 | |
| | 合计 | 3299.47 | 100 | |

# 第二节　盐穴储气库建设投资控制方法

盐穴储气库建设项目投资控制方法主要包括全过程投资管理、效益对比控制、工程计价标准动态调整和ABC分类投资控制。

## 一、全过程投资管理

全过程投资管理主要内容包括决策阶段投资管理、工程设计阶段投资管理、招投标阶段投资管理、施工阶段投资管理、竣工结算投资管理。造价管理部门应从投资估算、项目可研、初设概算、施工图预算、招标投标、工程结算、项目评价全过程参与，实现全过程造价管理。做到事前控制、事中跟踪、事后评价，体现技术经济一体化管理理念。

## 二、效益对比控制

效益对比控制是指投资控制的源头在设计，应建立前期效益论证与后评价对比考核长效机制，加强工程设计论证优化工作，对前后效益差异较大的项目全面详细分析原因，逐步减少事后非客观原因追加投资的现象发生，达到投资控制的目的。

## 三、工程计价标准动态调整

动态调整盐穴储气库工程计价标准是合理确定和有效控制盐穴储气库工程投资的必要手段之一。盐穴储气库工程计价标准必须随时间的变化而动态调整。

## 四、ABC 分类投资控制

ABC 分类投资控制是指根据各项投资在项目总投资占有比例的不同，采取差异化的控制措施。在盐穴储气库建设项目投资中占比较大的工程，是盐穴储气库工程投资控制的核心，是需重点加强管理与控制的工程，应采取 A 类分级管理；在盐穴储气库建设项目投资中占比很小的工程，其投资变化对盐穴储气库建设项目整体投资影响微乎其微，应采取 C 类分级管理，给予一般关注即可；除 A 类和 C 类以外的工程内容，应采取 B 类分级管理，应给予较高程度的重视。

# 第三节　盐穴储气库建设投资控制总体要求

## 一、投资控制的基本原则

（一）以决策和设计阶段为重点的建设全过程投资管理

建设项目投资决策是选择和决定投资行动方案的过程，是对拟建项目的必要性和可行性进行技术经济论证，对不同建设方案进行技术经济比较及做出判断决定的过程。根据国内外工程实践和工程投资资料分析，在项目建设各个阶段中，投资决策阶段影响投资的程度最高，达到 75%～95%；设计阶段为 35%～75%；施工阶段为 5%～25%；竣工结算阶段为 0～5%。项目决策正确与否，直接关系到项目建设的成败，关系到投资的多少和经济效益的好坏。加强建设项目决策阶段的投资管理意义重大。同时，投资管理的关键在于设计，设计费一般只相当于建设工程全生命周期费用的 1% 以下，但影响着项目投资的 75% 以上，许多重大项目专门有设计监督。另外，投资管理必须贯穿于项目建设全过程，如果其中某一个环节出现问题，都会对整个投资产生影响。

（二）主动控制与被动控制相结合

根据盐穴储气库建设项目前期工程、钻采工程、造腔工程、注气排卤及注采完井工程、地面工程等建设特点和难点的不同，梳理分析各单项工程投资影响因素，制定不同的投资控制策略，有效控制项目总投资。投资控制过程中及时分析投资实际完成值与目标控制值的偏离情况，以及当实际值偏离目标值时，分析偏离产生的原因，并确定下一步的投资控制对策。

（三）事前计划控制、事中过程控制、事后审核控制相结合

事前计划控制是实现项目投资控制目标的基础。在项目实施前，深入研究项目的批准概算或目标成本控制值，事前制定投资控制总计划，对批准概算或目标成本控制值进行分解、复算和归纳，针对项目实施阶段提出的投资控制的分解计划，建立投资控制分解计划书，分析和估计项目实施中可能遇到的干扰和可能产生的偏差，提出预警措施和专业意见，立足批准的概算建立项目的投资控制目标。

事中过程控制，是实现事前计划投资控制目标的保证。项目实施过程中，建立全方位的投资监控体系，定期对投资执行情况进行分析、检查是否存在偏差，对可能突破投资控制目标的情况及时提出调控措施、对策和建议，以便

采取有效控制措施。

事后审核控制，跟踪合同实施情况，对已履行完毕的合同进行审核、确认和清算，及时核定已完工程投资，签订补充协议、财务清算、甲供材料等。

（四）技术与经济结合

盐穴储气库项目建设是一个多目标系统，实现其目标的途径是多方面的，应从组织、技术、经济、合同与信息管理等多方面采取措施。从组织上采取措施，明确项目组织机构、明确投资控制者及其任务，明确管理职能及分工；从技术上，在盐穴选址与地质评价、钻井控制、造腔控制、盐腔稳定性设计与控制、盐腔检测、注气排卤、老腔改造等关键领域深入开展技术攻关研究，逐步形成适合我国层状盐岩的特色建库技术，不断降低盐穴储气库建库投资；从经济上采取措施，积极开展技术方案比选工作，在满足规模要求和功能质量标准的前提下，进行技术经济分析，确定最优技术方案，使盐穴储气库建设项目更加经济合理。

（五）分类投资管理与全过程投资管理相结合

盐穴储气库建设是一项复杂系统的工程，项目建设涉及建库目标库址的确定、建库方案设计和储气库施工建设等几个阶段。建设内容复杂、涉及面广，各阶段及各项建设内容在建设投资中占有的比例以及对建设投资影响的敏感程度不同，因而没有必要对总投资包括的所有内容实施全过程投资管理，而仅对总投资中占比较大的单项工程实施全过程投资管理，有效落实分类投资管理与全过程投资管理相结合的管理手段，有效提高投资管控的效率。

## 二、投资控制的目标

投资控制目标分为总目标和执行目标两个层次。投资控制总目标是把工程投资控制在概算范围之内并力求节约，每个合同投资控制的执行目标就是合同价。

投资控制贯穿于工程建设的全过程，主要从概算、招标、合同签订、变更、索赔及调差、甲供材料核销、计量、预付款、进度付款、保留金、完工结算、竣工决算等环节控制。要制定一套严密、完整的制度，从付款开始向前追溯到每一个影响投资的环节、每一个形成投资支出的数据、每一个涉及投资的文件都要进行严格把关，从而实现投资的全过程、全方位控制。

## 三、投资控制的总体思路

建立"概算—执行概算—合同预算—合同结算—竣工决算"的控制体系。以概算控制执行概算、以执行概算控制合同预算、以合同预算控制合同结算、以合同结算控制竣工决算。要定期将合同投资完成情况与概算、执行概算进行对比分析，防止超概算。根据合同执行过程中出现变更、索赔及调差等情况，动态调整合同工程量及价格，预测合同竣工结算金额。从而实现最终资金投入数额的可控在控，确保整个项目的竣工决算额控制在概算范围之内。

# 第四节 盐穴储气库建设项目投资控制的影响因素及难点

## 一、投资控制的影响因素

从盐穴储气库建设项目特点分析影响盐穴储气库建设项目投资的因素，包括地质因素、环境因素、技术因素、经济因素和管理因素等方面。

### （一）地质因素

地质因素主要是因为地质情况复杂对盐穴储气库建设项目投资造成的影响，主要包括建库区块和建库层段地质构造、盐岩品位、盐岩展布形状、不溶物含量、夹层展布形状、夹层数量及厚度、地层岩性、地层压力等情况。地质因素是钻井工程和造腔工程工艺设计的依据，决定了盐穴储气库建库规模、建库周期、成腔率和钻井工程难易程度，是影响盐穴储气库建设项目投资的客观因素。

### （二）环境因素

环境因素主要是盐穴储气库建设项目钻井工程、造腔工程在野外施工时暴风雨等恶劣天气对工程施工的影响以及环境保护对钻井废弃物处理的要求，导致盐穴储气库建设项目投资变化，也包括有关事项协调未果而造成停工等额外发生的费用。

## （三）技术因素

技术因素包括钻井工艺、造腔工艺、注气排卤及钻完井工艺、地面工艺等，体现盐穴储气库建设项目工艺设计复杂程度，是影响盐穴储气库建设项目投资的主要因素。

## （四）经济因素

经济因素主要是考虑价格变化对盐穴储气库建设项目投资的影响。投资决策到工程正式施工时往往历经很长一段时间，人工、材料、设备等价格变化会直接影响到建设项目投资。

## （五）管理因素

管理因素主要是定价机制和投资管理流程，体现项目管理水平。

影响盐穴储气库建设项目投资的因素是多方面的，单纯从项目建设的某个阶段或控制某一个因素来实现盐穴储气库建设项目投资和成本的有效控制难以满足要求。

## 二、投资控制的难点

盐穴储气库建设项目一般经历立项、前期评价、设计、施工、投产运营等阶段，涉及工程设计、工程预算、工程招标、施工组织、工程监督、安全环保、工程结算等一系列环节，每个环节都存在多种制约因素，直接影响盐穴储气库项目投资。"结算超预算、预算超概算、概算超估算"的现象依然不同程度的存在，导致盐穴储气库建设项目投资控制难度大，具体表现在以下 5 个方面：

（1）现有建库技术不能完全满足层状盐岩建库需要，严重制约着储气库建设项目投资的控制。

我国盐穴储气库建设技术已经历了研究与探索、消化与形成、成熟与发展三个阶段，现已具备了自主建设盐穴储气库的能力。在盐穴储气库建设实践过程中，取得了一系列的技术成果，尤其是在造腔、注气排卤及注采运行方面，形成了氮气气密封测试、光纤测试油水界面、高效注气排卤等一系列特色技术。但我国层状盐岩地质条件下造腔速度慢、腔体形态控制难、成腔效率低、老腔改造利用难等问题未得到根本性解决，严重制约盐穴储气库建设项目投资的有效控制。

（2）建库周期长，材料价格波动影响盐穴储气库项目投资水平。

中国盐穴储气库建设项目通常分批分期建设，建设周期普遍较长，如金坛储气库一期建设从 2004 年老腔改造启动算起，到 2015 年底一期建设 15 口井造腔完成，历时 12 年。建设期间，人工费逐年上涨，材料费价格呈现波动，但总体上呈上涨趋势，人工费和材料价格成为影响盐穴储气库建设投资的主要因素。盐穴储气库建设项目钻井工程、造腔工程、注气排卤工程、地面工程等各项投资均包括人工费、材料费、设备费、其他直接费及间接费等。以钻井工程为例分析，通过对中国石油钻井工程费用结构综合分析，人工费占 11%，材料费占 52.4%，设备费占 8.7%，其

他直接费占 8.6%，管理费等间接费占 18.5%，其中人工费
和材料费占总投资的 60% 以上。2010 年到 2017 年全国城
镇居民人均可支配收入从 19019 元增长到 36396 元，平均
年增 9.715%。居民可支配收入的涨幅虽不能完全代表人工
费的涨幅，但人工费的增长趋势应该与人均可支配收入的
增长趋势相一致，数值也应该相差不会太大。材料费中诸
如钢材、柴油等大宗材料近年波动较大，直接影响投资的
估算。因此，在地质、工艺、管理等条件相对稳定条件下，
人工费及原材料价格波动是影响投资的主要因素。

（3）计价依据不完善，导致项目之间计价差异大，不
利于投资的有效控制。

盐穴储气库工程建设涉及钻井工程、造腔工程、注气
排卤及注采完井工程、地面工程等阶段。其中造腔工程、
注气排卤及注采完井工程是盐穴储气库建设特有的工序。
目前，造腔工程、注气排卤及注采完井工程投资计价是按
各项目预计发生的人员、材料、设备等费用计取一定管理
费用方式确定，仅仅体现的是每个项目的个性水平，具有
较大的差异性，未形成能体现该领域社会平均水平的统一
计价依据，不利于造腔工程、注气排卤及注采完井工程投
资的有效控制。

（4）计价依据不适应新技术及市场变化。

盐穴储气库建设项目投资计价主要采用定额计价和市
场计价两种方式。其中定额计价依据基本以较早年限常规
工艺技术和价格水平制定，受历史结算水平影响，同类建

设项目不同地区价格差异较大，不能客观反映生产消耗，且部分新增项目没有标准可供参照。随着盐穴储气库建库工艺技术的发展，工艺不断改进优化，施工效率不断提高，单位投资水平也在降低，仍然按历史结算水平定价的方式和采用依据原有工艺水平编制的定额计价，不能真实反映盐穴储气库建设项目造价水平，不利于盐穴储气库建设项目投资的有效控制。

（5）计划实施工作量的不确定性影响投资水平和投资规模。

盐穴储气库建设项目钻井工程、造腔工程、注气排卤及钻完井工程均在地下实施，受我国复杂盐岩地质条件、造腔技术以及对地质条件认知程度限制，实际建成的库容规模和工作气量规模与计划建成规模存在较大偏差。为了保证实现盐穴储气库设计库容和工作气量，实施过程中不断调整井位部署、井型和造腔工艺，导致实际完成投资与计划完成投资存在一定差异，即计划实施工作量的不确定性会对投资水平和投资规模造成一定的影响，但不断调整优化井位部署、井型和造腔工艺对储气库达容达产目标的实现是必要的。

# 第六章　盐穴储气库工程投资控制措施

盐穴储气库工程的投资控制贯穿于投资决策、工程设计、招投标、施工、竣工结算等阶段，只有在各个阶段根据其投资的特点采取有效的投资控制措施，才能保障盐穴储气库工程投资科学、合理、高效。

## 第一节　投资决策阶段投资控制

建设项目投资决策是在调查分析、研究的基础上，选择和决定建设项目行动方案的过程，是对拟建项目的必要性和可行性进行技术经济论证、对不同建设方案进行技术经济比较及做出判断和决定的过程。项目决策的正确与否，直接关系到项目建设的成败，关系到工程造价的高低及投资效果的好坏。项目投资决策是投资行动的准则，正确的投资决策行动来源于正确的项目投资决策，正确的决策是正确估算和有效控制工程投资的前提。

在项目投资决策阶段，影响盐穴储气库建项目投资的因素主要包括盐穴储气库建设规模、建库目标库址、建库工艺方案、卤水消化、矿权利用方式、造腔模式、融资方案等几个方面。

## 一、合理确定建设规模

地下储气库作为天然气"产、运、销、储、贸"业务链五大环节之一，是主要的天然气储存设施，在天然气调峰、应急保安和战略储备方面具有极为重要的地位，是保障管道安全平稳供气和国家能源安全的重要手段。

根据储气库供气服务的特点，储气库主要分为基本负荷型的季节调峰型储气库和高峰负荷型调峰型储气库两种。其中基本负荷型的季节调峰型储气库主要进行季节调峰，高峰负荷型调峰型储气库主要进行日调峰和小时调峰。长输管道配套建设的地下储气库一般不参与小时调峰和日调峰。盐穴储气库储气规模，即为盐穴储气库总库容或称盐穴储气库总储气能力，包括有效工作气量（调峰气量和应急保安气量）和垫底气量，它是盐穴储气库建设项目设计的重要参数。

对于盐穴储气库建设规模的设计，首先应明确盐穴储气库的功能定位和供气服务范围（即目标市场），预测出目标市场天然气需求量、天然气需求结构及用户不均匀性，计算得出目标市场的调峰需求量，最后根据盐岩资源条件分析拟建储气库是否满足目标市场调峰需求，进而确定盐穴储气库建设规模。合理确定盐穴储气库项目储气规模对于有效控制盐穴储气库建设项目投资，提高盐穴储气库项目经济效益和社会效益具有十分重要的意义。

一套完整的盐穴储气库建设规模设计流程如图6-1所示。

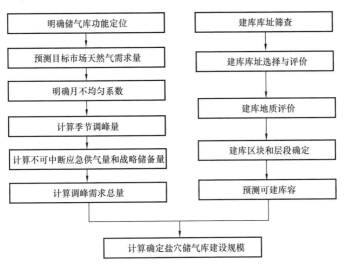

图 6-1　盐穴储气库建设规模设计流程图

　　盐穴储气库项目建设规模确定取决于建库盐岩资源和目标市场调峰需求两大因素。其中，建库盐岩资源是指可供建设盐穴储气库的盐矿资源规模，建库区块地质构造、盐岩规模、盐岩分布、盐层厚度、盐岩品位、不溶物含量、夹层厚度与分布等因素，客观上决定了拟建盐穴储气库建设项目可能建设库容规模；市场因素是指目标市场天然气调峰需求和应急保安供气，主要根据目标市场天然气需求量、管道输气能力、用户用气特性、故障与事故处理时间即应急保安天数（一般按不超过 3 天）等因素预测确定，市场因素客观上决定了拟建盐穴储气库建设项目需要建设的库容规模。因此，盐穴储气库项目建设规模确定需综合建库资源规模和市场调峰规模因素来合理确定，即在可供建库资源有保障的前提下，盐穴储气库项目建设规模主要依据市场因素确定；当可供建库资源不足时，可建设盐穴储气库库容规模不能满足需要建设的库容规模时，盐穴储气库项目建设规模主要依据可供建库资源因素确定。

## 二、科学选择建库目标库址

盐穴储气库从选址、建设到投入运行，大致需要经历5个基本阶段：（1）储气库库址目标确定阶段；（2）（预）可行性研究阶段；（3）工程设计阶段；（4）施工建设阶段；（5）运行维护阶段。其中储气库库址目标确定是所有工作的前提和基础。

储气库库址目标选择包括建库区块选择和建库层段选择，一般需经历筛选、评价和确定三个阶段。库址目标选择的合理与否直接影响着盐穴储气库建设项目的建设成败、建库周期、库容规模、建设投资和安全运行。影响储气库库址目标选择的因素主要包括地理区位因素和地质因素。其中地理区位因素包括人口密度、建筑物密度、交通条件、城市规划、与目标市场和长输管道干线的距离、淡水供应和卤水处理条件等；地质因素包括区域地质条件和区域地层条件等矿区区域构造条件，盐矿规模、盐层埋藏深度、含盐地层、盐层厚度、盐层矿物成分、盐岩品位、不溶物含量、夹层分布等盐矿基本地质条件，以及矿区水文地质条件和盐层顶底板等。

盐穴储气库库址选择一般分为三个步骤：

第一步，筛选：根据目前盐矿资源勘查情况，对已具有一定勘探程度的石盐矿床或石盐勘探区，利用盐矿普查和详查资料、盐矿勘探的物化探资料、盐矿钻井资料、盐矿水文地质资料、盐矿自然地理和历史地震资料、盐矿开采历史及开采技术条件资料等，对盐矿区基本情况、盐矿区域地质特征和盐矿基本地质特征进行分析评价，筛选出具备条件的盐矿。

第二步，评价：对筛选出的建库盐矿进行实物勘探工作，以地震勘探、测井分析为手段，利用地球物理、地震、地质、钻井资料，对盐矿构造特征、盐矿分布特征、盐岩盖层地质特征、含盐地层地质特征、断裂特征等建库地质条件进行评价分析，预测含盐地层的盐岩沉积特征、盖层性质及厚度、盐岩空间展布的控制因素及分布规律、盐岩品位、不溶物类型及组成、盐岩内部夹层性质及其分布规律和盐岩断层发育情况。

第三步，确定：结合地表条件，择优选择构造平缓、断层少、顶底板稳定、盐岩埋藏适中、储量大、厚度大、品位高、夹层厚度小的含盐地层作为盐穴储气库目标建库区块和建库层段。

储气库库址目标选择需综合考虑各种影响因素全方位考虑，既要考虑盐矿所在的地理位置、区域地质背景，又要考虑盐矿自身地质特征，确保所选盐矿既要距离目标用户市场和天然气干线管道较近（一般从经济角度而言，储气库地理位置及距用户距离以调峰半径200km以内为宜），也应避开较强的地震断裂带上和不良地质构造多发区域，并具备优越的建库地质条件（盐层具有适中的埋藏深度、较大的厚度、较高的品位），可建成较大规模的储气库。

## 三、优化建库工艺

盐穴储气库建设是一项复杂的系统工程，建设内容包括地下工程和地面工程，涉及选址和地质评价技术、钻完井工程技术、造腔设计及造腔技术、注采工程技术、地面工程技术及储气库运行监测技术等几个方面。

自以金坛为代表的国内第一座盐穴储气库建设以来，经过 10 多年的攻关研究，在造腔设计、造腔工程、运行管理等方面取得了较大的进展，盐层地质评价、单腔优化设计、库容参数优化设计、稳定性评价、密封性评价、运行压力区间确定等技术基本形成。除金坛盐矿建库条件较为优越以外，中国待建盐穴储气库建库层段多为多夹层层状盐岩，具有矿层多、单层薄、夹层多的特点，部分盐矿埋藏过深或存在厚夹层，现有的技术已经不能满足复杂盐层建库的需要。钻采完井工程技术、造腔设计和造腔技术、注采工程技术已成为提高盐腔库容和成腔效率、缩短建库周期、降低建库投资的关键制约因素。

### （一）钻完井工程技术

盐穴储气库钻井与常规油气井钻井方式基本相同，主要是进行钻井方式、井身结构和钻井液体系的优选，重点是要选择适合层状盐层的钻井井型和钻井液体系。盐穴储气库固井较常规油气井固井质量要求高、难度大。固井质量须满足盐穴储气库高强注采运行的要求，良好的固井质量是储气库长期密封和安全运行的关键。在研究盐岩对水泥石影响机理的基础上，选择适合盐层建库的水泥浆体系，保证界面胶结良好，从而达到储气库长期安全运行的密封要求。盐穴储气库钻井方式包括直井、定向井、从式井及水平井等。不同钻井方式，适用条件不同、技术成熟度不同、钻井周期不同、钻井投资不同。因此，需结合钻井技术的成熟性、盐穴储气库建库地质条件及建库周期要求，优化确定钻井工程技术。

（二）造腔设计及造腔技术

盐穴储气库盐腔设计包括腔体空间形态设计、造腔过程设计和盐腔运行状态设计。其中，盐腔空间形态设计主要包括造腔过程中的盐腔位置、盐腔形态、盐腔最大直径、盐腔体积等；造腔过程设计包括造腔井型、造腔管柱组合、造腔排量、造腔方案等；盐腔运行状态设计是为了确保建成的盐腔能够安全平稳注采运行，对盐腔注采气过程中的压力区间进行设计并进行相应的稳定性评价，同时还要进行盐腔注采气过程中的压力预测和分析，确保盐腔注采过程温度压力范围。盐腔空间形态设计的合理与否直接影响盐穴储气库单库库容和建库规模；造腔过程设计合理与否直接影响着盐穴储气库造腔周期、成腔效率和造腔投资；盐腔运行状态设计的合理与否直接决定了盐穴储气库注入垫底气规模大小。

盐穴储气库造腔设计是在确保盐岩溶腔结构稳定的前提下，以力学有限元分析为基础，对溶腔形态进行物理模拟、数据研究，对盐腔的形态、体积、运行压力、库容量、注采能力等参数进行优化设计。造腔技术是根据盐溶机理，采用水溶开采方式建造溶腔，造腔过程中采取一系列的技术措施控制盐腔形态，以保证腔体库容规模和腔体稳定。造腔技术包括单井水溶造腔、反循环造腔、大井眼造腔、定向井造腔、双直井造腔、水平井＋直井造腔、双管柱造腔、丛式井造腔等造腔技术。科学合理的造腔设计和造腔技术方案有助于提高单腔库容规模、提高成腔效率、缩短造腔周期、降低造腔工程投资。

（三）注气排卤技术

注气排卤是盐穴储气库造腔完成后注气投产的第一个环节，通过生产套管和排卤管柱之间的环形空间不断注入天然气，将盐腔内的卤水尽可能排出，天然气储存在排出卤水的盐腔中。注气排卤过程涉及不压井作业等工序，该技术比较成熟。此外，注气排卤技术还有高效注气排卤技术和连续油管排卤技术。注气排卤腔技术方案选择科学合理与否，直接影响着能否排出更多的卤水形成更大的天然气储存空间，从而降低盐穴储气库单位库容投资和单位工作气量投资。

# 四、优化选择卤水处理方式

盐穴储气库造腔过程中会产生大量的卤水，如何有效合理利用这些卤水对于盐穴储气库建设至关重要。卤水处理量和处理方式决定了盐穴储气库的造腔进度、建设规模以及各项设施的规格，并对盐穴储气库建设投资产生重大影响。

目前，卤水处理方式主要有卤水换矿权、自建卤水处理设施处理、排入大海和盐湖及回注地下等。

卤水换矿权是中国目前最常用的卤水处理方法。盐穴储气库项目建设投资者不拥有探（采）矿权，但造腔过程中产生的卤水的饱和度与当地盐化企业的需求相近，所以盐穴储气库项目建设投资者将造腔过程中产生的卤水送给当地盐化企业，以获取矿权。盐穴储气库的建设进度和建设规模受盐化企业生产能力限制。如中国石油金坛储气库采用卤水换矿权方式处理卤水，因受盐化企业消化卤水能力的限制，造腔进度明显受到制约，与原计划相比，造腔建设进度滞后了 8 年。

自建卤水处理设施处理是指盐穴储气库建设企业投资建设卤水处理设施，处理造腔过程中产生的卤水。通常是建设制盐厂，用卤水制盐，盐产品对外销售。该处理方式可满足盐穴储气库建设进度和建设规模需要。

排入大海和盐湖是指在距离大海或盐湖较近的区域建设的盐穴储气库，造腔过程中产生的卤水经处理后确认不对环境造成明显影响，在获得相关部门的批准后可排入大海或盐湖。

回注地下是指将造腔过程中产生的卤水处理合格后回注到地下溶洞或地层中。例如，美国得克萨斯州贝德尔盐穴储气库在造腔过程中，将卤水除去机械杂质和油类之后再注入 1620m 深的含卤水砂岩地层中。

表 6-1　卤水处理方式对比表

| 序号 | 卤水处理方式 | 优点 | 缺点 |
|---|---|---|---|
| 1 | 卤水换矿权 | 卤水处理成本最低 | 储气库建设进度和建设规模受盐化企业生产能力限制 |
| 2 | 自建卤水处理设施 | （1）储气库建设进度和建设规模不受盐化企业生产能力限制；<br>（2）处理后的盐产品可对外销售，产生一定的经济效益 | 需建设卤水处理设施，一次性建设投资高 |
| 3 | 排入大海或盐湖 | （1）储气库建设进度和建设规模不受盐化企业生产能力限制；<br>（2）卤水处理成本较低 | 适用范围有限，仅适用于靠近大海或盐湖建设的盐穴储气库项目 |
| 4 | 回注地下 | 储气库建设进度和建设规模不受盐化企业生产能力限制 | 需要建设回注地下设施，增加建设投资 |

从表 6-1 可以看出，每种卤水处理方式具有不同的特点，盐穴储气库建设企业投资者综合考虑盐穴储气库建设进度安排、建设规模和经济效益，经技术经济比选后最终确定。

## 五、优化矿权利用方式

盐穴储气库建设的基础和根本是盐岩矿产资源。我国盐矿资源丰富，但适宜建设盐穴储气库的盐矿资源相对稀缺。如何科学合理地选择盐矿资源权利利用方式，对于合理利用稀缺的盐矿资源，增强储气库项目建设企业盐矿资源利用的主动权，加快盐穴储气库项目建设进度，扩大盐穴储气库项目建设规模，降低盐穴储气库项目建设投资具有十分重要的意义。

矿权是指矿的所有权和各种利用矿的权利的简称。矿权从法律的角度可以分为所有权、探矿权和采矿权3种。矿产资源所有权，是指作为所有者的国家依法对矿产资源享有占有、使用、收益和处分的权利，矿产资源属于国家所有。探矿权是指勘查矿产资源的权利，《中华人民共和国矿产资源法》规定，勘查矿产资源，必须依法登记。采矿权，又称"矿产使用权"，是指采矿企业或个人在开采矿产资源的活动中，依据法律规定对矿产资源所享有的开采、利用、收益和管理的权利。《中华人民共和国矿产资源法》规定，开采矿产资源必须依法申请取得采矿权。矿业企业涉及矿权权利主要是探矿权和采矿权。

储气库建设项目投资者获得盐矿资源探矿权和采矿权使用权的方式主要包括登记、购买、合作、租赁和交换等。

登记是指盐穴储气库建设项目投资者向国家地质矿产资源管理部门或地方地质矿产资源管理部门申请，并支付一定数额的探（采）矿权使用费用和探（采）矿权价款，获得一定年限的矿产资源使用的权利的制度。探（采）矿权审批登记后，盐穴储气库建设项目投资者可在划定的矿区范围内自主进行盐岩矿产资源的勘查作业和开采作业。

购买是指盐穴储气库建设项目投资者依法向探（采）矿权人购买探（采）矿权，进行盐岩矿产资源的勘查作业和开采作业。盐穴储气库建设项目投资者可在受让范围内进行盐岩矿产资源的勘查作业和开采作业。

合作是指盐穴储气库建设项目投资者以资金、技术、管理等与探（采）矿权人合作，通过签订合作合同约定权利义务，共同勘查、开采矿产资源。盐穴储气库建设项目投资者可按合作合同约定的条件进行盐岩矿产资源的勘查作业和开采作业。

租赁是指盐穴储气库建设项目投资者作为承租人向探（采）矿权人支付租金，租赁获得探（采）矿权使用权的行为。盐穴储气库建设项目投资者可按租赁合同约定的条件进行盐岩矿产资源的勘查作业和开采作业。

交换，也称卤水换矿权，是指盐穴储气库建设项目投资者将盐穴储气库项目建设造腔过程中产生的卤水送给盐化企业，换取矿权使用的一种方式。盐岩矿产资源开采权利归盐化企业，盐穴储气库建设项目投资者对于矿权的使用受制于盐化企业。

从表6-2可以看出，不同的矿权利用方式具有不同的特点，从建库自主性来看，选择矿权利用方式的顺序依次为盐穴储气库项目建设投资者自行申请登记，向探（采）权人购买矿业权，与探（采）矿权人沟通协商合作或租赁，以卤水换矿权。

表 6-2 矿权利用方式对比表

| 序号 | 类别 | 优点 | 缺点 |
|---|---|---|---|
| 1 | 登记 | （1）拥有完全探（采）矿权；（2）储气库建设进度和建设规模可完全自主安排 | 需要支付探（采）矿权使用费 |
| 2 | 购买 | （1）拥有完全探（采）矿权；（2）储气库建设进度和建设规模可完全自主安排 | 矿权购置费用需根据矿权性质、购买矿权规模和矿权剩余使用年限，经第三方评估后确定；矿权费用高于登记所需费用 |
| 3 | 合作 | （1）拥有不完全探（采）矿权或探（采）权使用权利；（2）储气库建设进度和建设规模可在合作合同约定范围内自主安排 | 矿权使用成本需根据矿权性质、矿权规模和合作年限双方协商确定 |
| 4 | 租赁 | （1）拥有探（采）矿权使用权利；（2）储气库建设进度和建设规模可在租赁合同约定范围内自主安排 | 矿权使用成本需根据矿权性质、租赁矿权规模和租赁期限双方协商确定 |
| 5 | 交换 | 无须支付矿权使用费用 | 储气库建设进度和建设规模受制于盐化企业生产能力限制 |

## 六、优化选择造腔模式

盐穴储气库盐腔建造可采用自行建设和委托建设两种模式。自行建设是指盐穴储气库项目建设企业根据钻井、造腔设计要求，自行组织完成腔体溶蚀建造；委托建设是指盐穴储气库项目建设企业利用盐化企业的盐岩矿床资源，委托盐化企业，按照钻井、造腔设计要求，完成腔体溶蚀建造。

目前，中国在建或规划建设的盐穴储气库分布在金坛盐矿、淮安盐矿、赵集盐矿、平顶山盐矿、云应盐矿、黄场盐矿等，但上述盐矿资源基本被盐化企业控制，盐化企业在采盐的同时每年新增溶腔体积数百万立方米。例如，江苏新源矿业公司每年产盐 $360 \times 10^4 t$，新增溶腔 $140 \times 10^4 m^3$；江苏井神集团每年产盐 $500 \times 10^4 t$，新增溶腔 $200 \times 10^4 m^3$。

为合理利用盐化企业的溶腔空间，加快造腔速度，可采用委托造腔模式。盐穴储气库建设企业可与盐化企业合作，盐穴储气库建设企业向盐化企业提出明确的钻井和造腔等相关技术要求，提供相应技术指导和服务，钻井、造腔、卤水处理及利用完全由盐化企业实施，盐腔建造完成后交付盐穴储气库建设企业，后续建库工作由盐穴储气库建设企业实施。委托造腔的费用支付根据盐化企业与盐穴储气库建设企业签订的盐卤开发与造腔建库一体化合作协议执行。溶腔过程中，盐化企业按照建造地下储气库技术要求，适当调整溶腔工艺，针对性地开展采盐作业，即可在短时间内获得大量溶腔，且造腔成本低于专门造腔成本，可有效降低储气库建设工程投资。

## 七、优化融资方案

盐穴储气库作为天然气储存设施，具有调峰、应急保安和战略储备功能，建设投资大，动辄数十亿元，甚至上百亿元。项目建设所需资金可通过政府投资资金，国内外银行等金融机构贷款，国内外证券市场发行股票或债券，国内外非金融机构资金，外国政府资金，以及国内外企业、团体、个人的资金等多种渠道筹集。不同的资金来源，资金成本和融资风险也不相同。为有效降低资金筹措成本，并确保所筹措资金按时足额供应，在已确定的盐穴储气库项目建设方案和投资估算的基础上，结合盐穴储气库项目实施组织和建设进度计划，开展融资结构、融资成本和融资风险等融资方案研究分析十分必要。

### （一）融资主体

项目的融资主体是指进行项目融资活动并承担融资责任和风险的经济实体。融资主体按是否依托于项目组建新的项目法人实体划分，项目融资主体分为既有法人融资和新设法人融资。既有法人融资是指已既有法人作为项目法人进行项目建设的融资活动，承担融资责任和风险；建设项目资金筹措是在既有法人资产和信用的基础上进行的，投资形成增量资产；偿债能力是从既有法人财务整体状况考察后确定。新设法人融资是指组建新的项目法人进行项目建设的融资活动，承担融资责任和风险；项目投资由新设法人筹集的资本金和债务资金构成；偿债能力是从项目投产后的经济效益情况考察后确定。

目前，作为天然气骨干管网配套的调峰设施，地下储气库基本都是由中国石油和中国石化两大企业建设运营。储气库项目基本上都是采用既有法人融资方式投资建设，但是随着国家天然气储气调峰设施管理机制、运营机制、价格机制改革的不断深化和完善，作为天然气产业链中的重要一环，盐穴储气库建设与运营将逐步走向商业化运营模式，其投资建设可采取新设法人模式，独立核算分析盐穴储气项目投资经济效益。

（二）融资结构

项目融资方案的设计和优化中，资金结构分析是一项重要内容，主要分析项目所需资金来源、项目资本金与债务资金比例、项目资本金形式及各种形式资金占比、债务资金形式及各种形式资金占比，确保项目所需资金及时足额供应，同时实现项目所使用资金成本最低。资金结构的合理性和优化由各方利益平衡、风险性和资金成本等多方面因素决定。

资本金与债务资金的比例是项目资金结构的最基本比例。在项目总投资和投资风险一定的条件下，资本金比例越高，权益投资人投入项目的资金越多，承担的风险高，而提供债务资金的债权人承担的风险越低。同时，项目资本金比例越高，贷款的风险越低，贷款的利率可以越低；反之，贷款利率越高。合理的资金结构不仅要有效控制资金使用风险，保障权益人和债券人的合法权益，还要使得盐穴储气库建设项目的资金筹措不仅可行，而且最经济。

（三）融资成本

融资成本是项目使用资金所付出代价，由资金占用费和资金筹措费两部分组成。资金来源不同，资金成本不同；资金结构不同，资金成本也不同。加强资金成本分析，有助于合理确定总资金结构、资本金结构和债务资金结构以及项目资本金和债务资金中各种资金来源的形式和占比，确保项目所使用的资金成本最低、融资风险最小。

# 第二节　工程设计阶段投资控制

国内外相关研究资料表明，设计阶段的费用只占工程费用不到1%，但在项目决策正确的前提下，它对工程投资的影响程度高达75%以上。盐穴储气库建设项目各单项工程建设影响因素不同，在设计阶段需要考虑的影响工程投资的因素也有所不同。

## 一、钻井工程投资控制

钻井工程涵盖的工序系统繁杂，前期论证不好，后期施工将付出沉重代价，所以对于钻井工程而言，围绕投资效益加强前期论证工作尤为重要。优化钻井设计是控制钻井工程投资的关键，需根据地质情况、建库要求，有针对性地做好钻井工程设计，并开展工程设计的经济论证工作。

优化钻井工程设计对于盐穴储气库建设企业加强管理、实现投资控制的具有重要的意义。

发达国家经验表明，决策阶段对投资控制影响程度高达75%～95%，设计阶段对投资控制影响程度可达35%～75%，施工阶段对投资控制影响程度仅为5%～35%。可以说，设计一旦完成，80%以上的项目投资就已经确定，项目实施阶段投资控制的空间有限。因此，项目可研阶段至少应采用两种以上设计方案进行评价比选，鼓励限额设计，建立甲乙双方风险共担、效益共享的激励机制，把投资控制向前延伸，从源头抓起，体现技术经济一体化的管理概念。

（一）优化井位

在满足钻井目的前提下，科学合理地选择钻井井位是控制钻前工程投资的重点，也是保证是否顺利钻达目的层的关键。井位选择合理，一是可以降低钻前施工工作量，缩短施工周期，降低工程造价；二是为选择较简单的钻前构筑物类型与结构打下基础，降低人工、材料和机械消耗；三是可以减少土地征用费。如果井位选址不当，不仅会使钻前工程费用增加，造成不必要的浪费，还会给钻井工程带来很大的困难，影响钻井速度，造成不必要的人力物力消耗。

（二）优化井身结构

井身结构确定了一口井下入套管的层次，各层套管的直径、下入深度以及各层套管相对应的钻头和套管外水泥浆封固高度，决定了钻井工程主要材料消耗量和钻进、测井、下套管、注水泥等作业的工作量，是控制钻井速度、质量、安全和消耗量的最关键因素。井身结构设计科学合理，就会缩短钻井周期，提高钻井质量，减少事故发生，降低钻井工程费用；反之，井身结构设计的不科学、不合理，不仅钻井速度慢，而且会使事故和复杂情况频繁发生，延长钻井周期，影响井身质量，甚至造成井的报废，最终导致钻井工程费用大幅度增加。

井身结构设计总体原则是以确保井控安全和注采运行安全为基础，以经济效益为中心，综合考虑投资成本、钻井速度、储气库生产特点等因素。即在井身结构设计时，在满足储气库长期周期性高强度注采及安全生产需要的前提下，综合考虑建库区块盐层地层压力（孔隙压力、坍塌压力、破裂压力）和地质复杂情况、投资成本与钻井用途等因素，合理确定井身结构。如淮安楚州盐穴储气库建设项目根据钻井目的不同，在同时满足钻井、造腔和注采安全生产管理需要的前提下，通过优化井身结构，缩短了钻井周期，有效控制了钻井工程投资。在某盐穴储气库注采生产井和资料井中采用了不同的井身结构，其中注采生产井采用的是二开钻井结构，单井钻井投资 1038 万元 / 口井；资料井采用的是三开钻井结构，单井钻井投资 1252 万元 / 口井。注采井与资料井相比，单井节约投资 200 多万元。

## （三）优化钻头选型

钻头类型不同、价格不同、单只钻头进尺不同，钻进效率也不相同。采用不同类型的钻头钻深度相同的井，钻头消耗量、钻头费用和钻井周期也将不相同。

在钻头选型时，应按照单只钻头进尺多、机械钻速高、单井钻头消耗量少、钻井费用低的原则进行选型，综合对比钻井总时间和钻井总造价后，确定优选方案。

## （四）优化井型

盐穴储气库井根据钻井方式或井眼轨迹的不同，分为直井和定向井两大类。不同井型具有不同的特点，造价水平也不同。直井钻井工艺简单易操作，技术成熟，相同深度的目的层钻井进尺少，单井钻井周期短，施工不易出现复杂情况，风险小，钻井工程投资低，但修建井场和井场道路工作量大，占地面积大，拆迁补偿和征地费用高；定向井钻井相对于直井大大减少了土地占用面积，减少了地面管线、井场道路、钻井井场的建设，降低了钻井前期工程投资，但钻井技术相对复杂，设计和施工难度大，钻井周期长。因此，在选择井型时，需依据盐穴储气库建库规模、建库区块和层段地质构造特性、单井注采能力和注采生产运行方式等，进行技术经济比选论证，合理确定井型。

## （五）优化布井方式

为保证储气库建成后安全运行，单井直井水溶造腔方式建库，要求各井间距不小于250m。采用单井直井布井方式建库，单井占地面积大。采用直井和定向井组合布井方式建库，直井井口与定向井井口距离为 15～30m，两口井占地面积与 1 口直井相当，既可有效增加盐穴储气库建库规模，也可有效降低地面投资。例如，金坛储气库在 10 口井位已征用土地范围内，通过优化布井方式，将井位部署由 10 口直井布井方式调整为 10 口直井和 10 口定向井的组合布井方式，调整后土地征用规模和地上建构筑物拆迁补偿工程没有发生变化，但增加造腔体积 $200 \times 10^4 \mathrm{m}^3$，大大增加了储气库建库规模，有效降低了储气库单位投资。

（六）优化套管材料

盐穴储气库建设过程中涉及导管、表层套管、中间套管、生产套管、造腔管柱、注采管柱、排卤管柱等不同功能和用途的管材。不同用途的管材选择考虑的因素不尽相同，其中导管、表层套管、中间套管、生产套管管材选择需考虑强度及耐腐蚀等因素，造腔管柱、注采管柱、排卤管柱选择除强度及耐腐蚀等因素外，还要考虑管材的气密性问题。

同种壁厚钢管，钢级越高，套管价格也越高；进口套管价格普遍高于国产套管；同种钢级套管，管壁越厚，单位长度成本越高，每增加一个厚度等级，价格约上升 10%。因此，选择不同钢级的套管，价格会有一定的差异，直接影响钻井工程的造价。

在套管及管柱设计时，应避免将套管及管柱安全系数定得过大，造成不必要的浪费，应根据井眼的实际情况进行套管及管柱设计。在满足安全生产的前提下，根据不同深度、不同压力，结合强度校核选用不同钢级、不同壁厚的套管。例如，表层套管由于本身不承受太大的地层压力，应选择强度较低的 J55 及 K55 等钢材套管；生产套管也应根据实际受力情况，分段选用 N80，P110，P110T，110TT 及 P110-13Cr 等不同钢级、不同壁厚的套管，这样才能有效控制钻井工程造价。

（七）优化资料录取要求

不同类别的井，担负的任务和目的不同，录取资料的项目、数量均有很多差异，工程造价有所差别。资料录取的项目、内容、数量不是越多越好，资料录取项目、内容、数量越多，录井费用越大。在满足生产和研究的前提下，应"不多取一包无效岩屑，不多取一米无效岩心"。但在目的层段必须要取的岩屑、岩心资料一点不能少。

（八）应用先进适用钻井技术

应用先进适用的钻井技术是控制钻井工程造价的一个重要手段。"适用技术"是指适合工程实际情况、能产生最大的综合经济效益的技术。"适用技术"注重的是效果，而不是单纯的先进技术，先进的适用钻井技术是保证工程质量、速度和安全性的关键。通过技术与经济的综合分析，选用先进适用技术，保证最大限度合理确定工程造价。

推广先进适用的钻进技术，必须要注意各种钻井新技术的适用条件，要考虑技术选择的经济效果，从技术的先进性、适用性综合考虑，正确处理新技术的应用和降低工程成本的关系，不能脱离生产经营实际，孤立地只算投入，不算产出，要用钻井新技术增加的投入和提高钻井速度、质量带来的收益进行综合分析，根据钻井工程的整体效益进行决策。

（九）科学选择钻井设备

钻井施工设备的价格高低，直接影响钻井施工设备的使用成本。因此，根据施工项目复杂程度，合理配置钻井施工设备类型，才能有效控制钻井工程造价。

1.优选钻机

钻机是实施钻井作业的最重要的设施，钻机类型的优选直接关系到钻井的速度、安全及钻井的成本。优选钻井通常主要根据套管负荷的大小来确定。一般而言，常规钻井的钩载储备系数要求不低于1.6，即套管负荷的计算应在其空气中的重量上乘以1.6的系数。钻机选择依据的套管负荷是1.6附加系数的累计套管重量。

根据负荷计算结果，在考虑满足施工需要和经济实用的基础上，选择适宜的钻机。

2.优选固井设备

固井设备的配置对工程造价影响很大。根据固井车辆的产地和性能，不同的特车价格差别很大。例如同是水泥车，CPT-986 和哈里伯顿水泥车价格昂贵，但它们具有马力大、功能全、能适应各种固井作业需要的特点。国产 SN35-16 Ⅱ 型和罗马尼亚的 AC-400B、AC-400C 型水泥车价格相对便宜，一般能够满足中深井的固井需要。因此，应根据生产实际合理配置水泥车，以满足不同井深的固井需要，避免设备配置过高，造成资源浪费，增加固井作业费用。

### 3. 优选录井仪器

完成同样的地质录井任务，不同的录井仪器所需费用差别很大。一般来讲，国产综合录井仪录井比气测录井仪录井每日费用多 25% 左右，进口综合录井仪录井比气测录井仪录井每日费用多 85%，进口综合录井仪录井比国产综合录井仪录井每日费用多 50%。录井仪器的选择应考虑井型、井深及地质条件等因素综合比选确定，做到既可以满足地质需要，又可以节省录井费用。此外，可在化验室解决的地质评价问题的化验项目，不必在现场进行定量分析化验，因为仪器搬往现场，费用就要增加很多。因此，合理选择录井仪器可有效降低录井工程造价。

### 4. 优选测井设备

测井作业费是按测井项目和选用测井仪器计价，测井作业费取决于测井系列和设备。需要根据不同地区和不同的井别（注采井、资料井、探井），优选测井系列。完成相同地质任务的同一测井项目，不同的测井仪器，测井价格差别很大，如引进数控测井一般为国产数控测井的 2.5 倍左右。因此，测井仪器的选择，一定要从实际出发，根据所测对象、所要解决的任务和测井仪器的技术性能，选择适用的井下仪器，通过性能价格比分析，选取性价比最优的设备。

## 二、造腔工程投资控制

层状盐层建库受盐层薄、品位低、夹层多且厚、不溶物含量高的影响，盐腔造腔速度慢、腔体形态难以控制、成腔率低等问题普遍存在。针对层状盐层建库的特点和难点，通过优化造腔管柱、优化造腔工艺、优选提高成腔率的技术、优化垫层顶板保护设计、优化利用老腔等，达到提高造腔速度，有效控制腔体形态，提高成腔率，缩短造腔周期及有效控制造腔工程投资的目的。

（一）优化造腔管柱设计

造腔管柱对加速造腔进度具有重要作用。造腔管柱设计需综合考虑造腔管柱管材、造腔管柱结构、造腔管柱尺寸、造腔管柱管径匹配的合理性以及对造腔排量的适应性等因素。合理的造腔管柱设计，不仅可以满足采卤安全的需要，而且使造腔管柱组合投资最优、造腔周期最短。

（二）优化造腔工艺

目前，我国盐穴储气库多采用单井对流法水溶造腔，即在盐层中钻一口井，井中下入造腔内管和造腔外管，造腔管柱组合为直径 177.8mm 的造腔外管 + 直径 114.3mm 的造腔内管，以正循环方式为主，造腔速度慢，造腔周期长，建造体积 $20 \times 10^4 \sim 25 \times 10^4 m^3$ 的盐腔需要 3～5 年，造腔费用约 2000～3000 万元 / 口井。这种方式很难适应国内储气库快速发展的需求，寻求安全高效的造腔方式是降低储气库投资，加快储气库建设的必然要求。反循环造腔、大井眼造腔、双井造腔（双直井和水平井 + 直井）及双管柱造腔是盐穴储气库造腔技术发展的趋势，可有效提高造腔速度，缩短造腔周期，降低造腔成本。

1. 反循环造腔

反循环造腔是在盐穴储气库建槽后采用反循环为主的造腔方式，技术上汲取了国外盐穴建库、国内水溶法采盐的经验，腔体控制及检测技术成熟，已成功应用于现场，与正循环为主的造腔技术相比，具有以下特点：

（1）反循环为主。盐穴造腔中后期采用反循环为主的造腔方式，部分时间采用正循环用于腔体修复、淡水冲洗结晶解堵。

（2）较大的注水排量。反循环造腔方式能够提高造腔速度，返出的卤水浓度较大，在确保返出卤水浓度相同的情况下，反循环造腔能够采用较大的注水排量，后期最大注水排量可达 $150m^3/h$。

（3）较少的管柱提升作业次数。在盐穴储气库造腔过程中，应该尽可能减少管柱提升次数，因较高频率的管柱提升将增加作业成本、延长造腔时间。

（4）较高的造腔速度。反循环造腔能够明显提高腔体溶蚀速度，缩短建库周期。金坛储气库在 3 口井进行的反循环造腔试验表明：当反循环造腔注水排量为 60m³/h，造腔速度可达 150m³/d，而正循环注水排量为 100m³/h 时，造腔速度为 85m³/d，反循环造腔速度明显高于正循环。

### 2. 大井眼造腔

大井眼造腔是国外比较常见的盐穴储气库造腔方式，其采用单井对流水溶造腔，即在盐层中钻一口井，井中下入造腔内管和造腔外管，大井眼造腔管柱组合为直径 273.1mm 造腔外管 + 直径 177.8mm 造腔内管，造腔管柱尺寸大于常规造腔管柱，为大幅度提高注水排量（最高达 300m³/h）（图 6-2）提供了可能。通过数值模拟计算，在金坛储气库建造体积 $20 \times 10^4 \text{m}^3$ 腔体，大井眼造腔与单井对流造腔相比，造腔时间缩短约 46%。

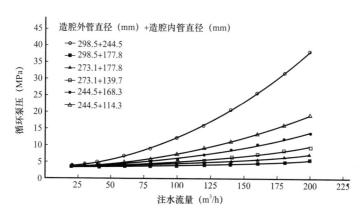

图 6-2　不同造腔管径下注水流量与循环泵压的关系曲线

### 3. 双直井造腔

双直井水溶造腔工艺，即在盐层中钻 2 口直井，井距 15~30m，2 口井连通后，各下入直径 177.8mm 造腔管柱，一口井注入清水，另一口井排出卤水。荷兰、法国已有双直井造腔在矿场实施的先例，中国湖北云应储气库也实施了双直井造腔的矿场试验。

盐穴储气库双直井允许较大的注水排量，造腔速度明显提高。通过数值模拟计算，在金坛储气库（深度 1000m）建造体积为 $20 \times 10^4 m^3$ 腔体，双直井造腔与单井对流造腔相比，造腔时间可缩短近 50%。

### 4. 定向对接井造腔

定向井对接造腔工艺（图 6-3），即将地面相距一定距离的两井或多井，在地下目的开采层定向对接连通的一种工艺技术。该工艺技术由中国地质调查局勘探技术所、湖南地矿局 417 队与湘衡盐矿合作首创，于 1992 年开始成功应用，目前已成为国内盐化企业采卤制盐广泛应用的主体技术。定向对接井井组由一口直井和一口斜井组成。通常在直井钻井作业完成之后、斜井钻井开始之前，在直井下入造腔管柱进行水溶建槽。造腔初始阶段，两井连通之后因斜井井眼较小，而直井已建槽形成一定空间，宜采用斜井注水，直井排卤；造腔的大多数时段，应采取直井注水，斜井排卤。定向对接井造腔方式通过在井间设置较长的水平段，使得卤水在通过水平段时浓度快速提升至 300g/L 以上，极大提高了出卤浓度与造腔效率。

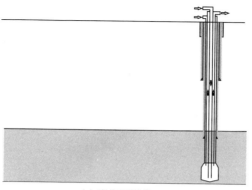

（a）直井建槽阶段

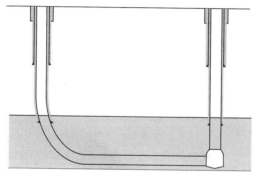

（b）两井连通阶段

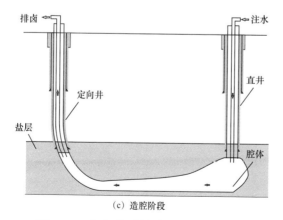

（c）造腔阶段

图 6-3 定向井对接造腔工艺示意图

### 5. 水平井造腔

水平井造腔工艺由一口水平井和一口直井组成（图6-4 和图 6-5）。采用水平井注水，直井排卤的方法，水平井的注水点可以通过拖动管柱实现移动。相比传统单井造腔工艺，水平造腔工艺可以利用薄盐层建库，极大扩展了盐穴储气库库址选择范围。水平井造腔工艺已在俄罗斯及法国等试验成功。法国燃气公司 1995 年在地下巷道开展了水平腔研究试验，以 10m³/h 的流量形成了一个 40m 长、体

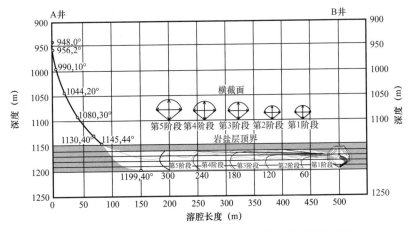

图 6-4　国外盐穴储气库定向水平井造腔横截面图

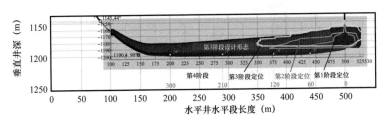

图 6-5　俄罗斯伏尔加格勒地下储气库定向水平井溶腔示意图

积约 750m³ 的水平腔体。俄罗斯某地下储气库在地下 1000m 处的 50m 薄盐层中建成了长度 300m、体积 $35 \times 10^4 m^3$ 的水平盐腔。

### 6. 双管柱造腔

盐穴双管柱造腔采用直径为 193.7mm（造腔外管）和直径为 114.3mm（造腔内管）造腔管柱组合，造腔前注入一定量的柴油作为保护层。双管柱造腔与国内目前的造腔方式（直径为 177.8mm 和直径为 114.3mm 造腔管柱组合）相比，能够有效减少地面机泵设备负荷，降低造腔过程中的能耗。双管柱造腔技术具有三大优点：中心管直径大，有利于大排量注水采卤，缩短建腔周期；相同排量下，大直径管内压力较小，由此引起的水击及振动现象大幅减小，有利于提高管柱寿命，降低事故风险；两管柱间隙较大，有利于造腔内管和造腔外管的起下作业。

由两种造腔管柱组合注水流量与循环泵压的关系（图 6-6）可以看出，与金坛储气库造腔管柱组合（直径 177.8mm 造腔外管 + 直径 114.3mm 造腔内管）压力损耗相比，采用双管柱造腔（直径 193.7mm 造腔外管 + 直径 114.3mm 造腔内管）的优点是能够降低压力损耗，允许较大的注入排量，提高造腔速度。需要注意的是，双管柱造腔生产套管没有油垫作为保护层，生产套管卤水腐蚀等影响程度需要进一步论证，造腔前注入的柴油存于腔体顶部，无法利用垫层控制腔体上溶。

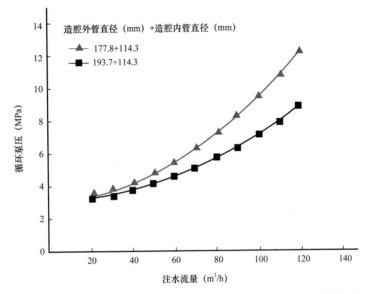

图 6-6  两种造腔管柱组合注水流量与循环泵压的关系曲线

### 7. 夹层垮塌扩容造腔

中国盐岩矿床含盐层系中一般含有众多难溶夹层，如硬石膏层、钙芒硝层及泥岩层等。目前盐穴储气库造腔普遍采用单井油垫对流水溶法。在单井油垫对流水溶法造腔过程中，地面的淡水或非饱和卤水经造腔管柱注入腔体，腔内的卤水从造腔内管和造腔外管的环形空间流到地面，流动的非饱和卤水不断溶蚀溶腔内壁盐岩，腔体的体积逐步扩大，同时通过油垫层控制上溶，从而达到建造较为理想腔体形态的目的。

但是，难溶夹层的存在给水溶造腔带来很多不利影响。在造腔过程中，由于厚夹层的影响，往往导致所形成的盐腔形态不规则，与理想的溶腔形态差异很大，溶腔的稳定性可能变差；在造腔过程中，难溶夹层的存在会将流场分割，溶腔内壁附近卤水流速变缓，大大减慢了盐岩溶蚀速度，既不利于腔体形态的控制，也使得水溶造腔速度变慢。特别需要指出的是，在造腔过程中悬挑于腔内的夹层突然垮塌还会导致井下造腔管柱被砸弯、砸坏以及套管被卡住等工程事故的发生，事故的发生也必然会对造腔进度造成影响。另外，造腔管接箍的损坏会导致出水口深度发生改变，导致腔体形态不可控。

为了促进厚夹层有效垮塌，在分析夹层的水溶机理、水浸后力学参数变化规律及垮塌规律研究的基础上，形成"充分浸泡夹层、二次建槽"的夹层垮塌造腔过程控制方法。该控制工艺分为 3 个阶段。

第 1 阶段：厚夹层下部盐层一次建槽，循环方式采用正循环，将厚夹层以下盐层溶解掏空，溶蚀出尽可能大的空间来堆积厚夹层垮塌后掉落下来的残渣（图 6-7）。

第 2 阶段：充分浸泡厚夹层，其目的是通过造腔内管和造腔外管的深度差异，使厚夹层底部和中间的井眼处充分暴露于造腔卤水中，加速厚夹层可溶物质析出，降低厚夹层的力学强度。将造腔内管下入厚夹层以下盐层 1～2m，造腔外管下入厚夹层之上盐层，距夹层顶部 3～5m，油垫在厚夹层之上。通过厚夹层之下注水、夹层上部排水，增加厚夹层与卤水的接触时间。随着造腔的进行，厚夹层以上盐层也逐渐溶解，形成了一定体积和直径的腔体。此时厚夹层开始出现腾空，其底部和位于井眼周边的顶部均可与卤水直接接触（图6-8），当腔体直径超越临界腾空跨度后，可进行二次建槽。

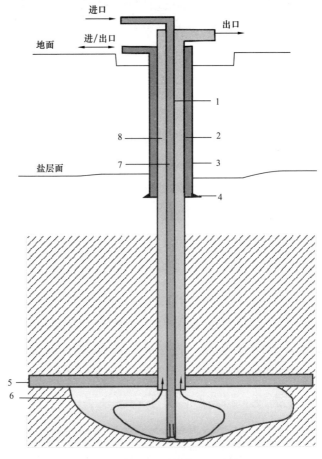

图6-7　厚夹层底部造腔示意图

1—溶腔内管；2—溶腔外管；3—生产套管；4—套管鞋；5—厚夹层；
6—腔体；7—淡水；8—卤水

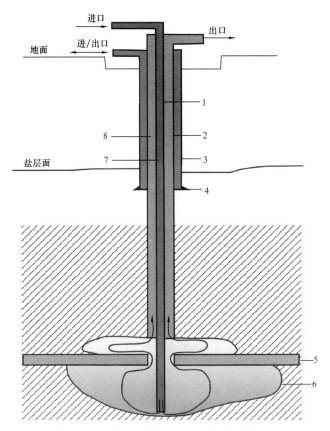

图 6-8　厚夹层上下同时造腔示意图
1—溶腔内管；2—溶腔外管；3—生产套管；4—套管鞋；5—厚夹层；
6—腔体；7—淡水；8—卤水

　　第 3 阶段：厚夹层以上盐层二次建槽，同时充分浸泡厚夹层。其目的有两个：一是开展造腔；二是在保证盐腔稳定的条件下，扩大厚夹层腾空跨度，加速厚夹层垮塌。该阶段将中心管放置夹层中下部，造腔外管提升至厚夹层之上，在进行二次建槽的同时也能够增加卤水与厚夹层的接触面积和接触时间，卤水为循环水，对夹层井眼壁面有一定的冲刷作用，有利于破坏夹层岩石的微观结构，一定程度上可促进夹层的垮塌（图6-9）。二次建槽过程也尽可能采用正循环，可降低侧溶角对造腔的不利影响，使夹层上部盐岩充分溶蚀，建造出体积尽可能大的腔体。

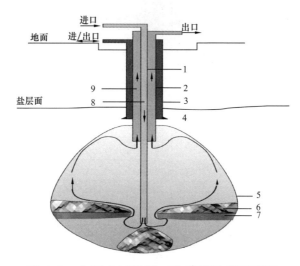

图6-9 含厚夹层盐层二次建槽造腔示意图

1—造腔内管；2—造腔外管；3—生产套管；4—套管鞋；5—腔体；
6—堆积不溶物；7—巨厚夹层；8—淡水；9—卤水

采用厚夹层垮塌造腔控制工艺，对某盐矿含12m厚夹层的含盐地层进行造腔试验，设计增加了厚夹层浸泡时间与腾空跨度的二次建槽造腔技术，并现场选取2口井进行了垮塌试验。试验结果表明，12m厚夹层可以垮塌，在该实验区地质条件下，厚夹层垮塌后上、下盐腔连通，增加了厚夹层以下25m厚的造腔盐段，单个盐腔有效体积可由$12.5 \times 10^4 m^3$增至$14.1 \times 10^4 m^3$，单个盐腔工作气量可增加$215 \times 10^4 m^3$。

## （三）优选提高成腔率的技术

### 1.残渣空隙空间利用

我国已建和拟建盐穴储气库含盐地层中不溶物含量较高，不溶物在水溶造腔的过程除少量被卤水携带至地表外，绝大多数沉落堆积到腔底，或以夹层整体垮塌的形式掉落腔底，或黏留在盐腔腔壁。沉落或掉落在溶腔底部的残渣占据了部分溶腔空间，水不溶物吸水膨胀使得有效空间利用率进一步缩小。但腔底堆积的残渣中仍存在大量的被卤水占据空隙空间，若能利用残渣中被卤水占据的空隙空间，将会有效提升空间动用率。针对腔底堆积残渣的特点，为有效利用残渣被卤水占据的空隙空间（图6-10），可采用两种特殊的造腔与注气排卤工艺，尽可能排出占据残渣空隙空间的卤水。

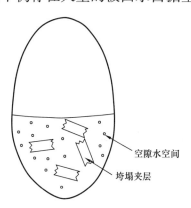

图6-10　盐腔残渣示意图

（图中标注：空隙水空间、垮塌夹层）

### 1）盐穴储气库腔底连通排水方法

单井水溶法造腔完成后，形成一个腔底堆积大量残渣的溶腔，为尽可能多地排出溶腔中的卤水，在溶腔外侧一定范围内钻1口"L"形水平井，使水平井与腔体上部连通，随后注气排卤。从造腔直井中间管与中心管的环形空间注入天然气，当气水分界面在中心管下口以上时，卤水通过中心管和（或）水平井内的排水管排到地面；当气水界面在中心管下口以下时，卤水通过水平井内的排水管排到地面。该方法工艺简单，能够将腔体内的卤水尽可能排出，增加了可储气空间（图6-11）。

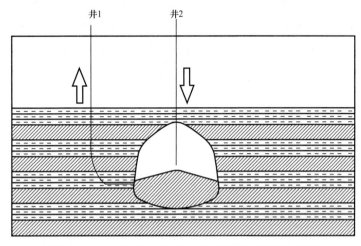

图6-11　盐穴储气库腔底连通排水方法示意图

2）盐穴储气库腔底残渣射孔排水方法

盐穴储气库腔底残渣射孔排水方法（图6-12）工艺流程是：在钻井阶段，同时进行两口井的钻井作业，即在造腔前完成井1、井2的钻探，两井间距小于设计溶腔的半径；在水溶造腔阶段，井2进行正常水溶造腔，井1关井待命；水溶造腔完成之后，注气排卤开始之前，对井1埋入残渣的部分进行射孔；进入注气排卤阶段，井2作为注气井，井1作为排卤井进行注气排卤作业。天然气由井2进入盐腔，卤水由井1排出，直至最深射孔处的卤水排出后，排卤作业结束。最终实现残渣中被水占据的空隙空间得到部分利用，增加了可储气空间。

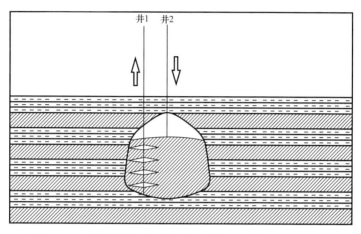

图 6-12　盐穴储气库腔底残渣射孔排水方法示意图

3）两注一排工艺

我国盐化企业存在大量复杂连通老腔，包括单井自然连通井组、压裂井组和定向对接井组等。定向对接井组由一口直井与一口定向井对接组成，两井井口间距 200m 以上。由于该工艺水平通道长，卤水流经水平通道后采卤浓度得以迅速提高，成为盐化企业目前使用最广泛的采卤方式。我国平顶山、淮安、楚州等在研储气库所在盐矿，具备大量定向对接井老腔。

根据前期研究，认为定向对接井老腔具备以下特点：（1）老腔形态呈"U"形，包括两侧的垂直腔体和中部的水平通道；（2）水平通道长，但高度受限。卤水流经水平通道时，浓度得以迅速提高，因此造成水平通道溶解范围有限，通道高度受限；（3）两侧的垂直腔体残渣堆积多，直接可利用腔体受限。两侧的垂直腔体在造腔过程中，残渣大量堆积在腔体底部，可直接储气的空间位于垂直腔体的中上部。以楚州为例，该地区地层不溶物含量高（40%），可直接储气空间只占垂直腔体总体积的1/3以下。

根据定向对接井老腔特点，认为定向对接井的残渣空隙空间未被充分利用：（1）若只在两侧垂直腔中注采气，排卤管柱最多只能下至残渣界面以上，腔体空间利用率不足1/3；（2）腔体底部2/3被残渣覆盖，但残渣为松散堆积，井组中的一口井注入的淡水流量与另一口井的排卤流量相近，证实水可在残渣中自由流通，具备储气可行性。

因此，设计两注一排工艺，以最大化利用残渣储气空间：（1）两注一排，指的是连通老腔两侧注气，中间一口排卤井排卤。（2）两侧注气是指，在定向对接井组的两口井中，下入注气管柱，管柱下至残渣界面以上。（3）一排指的是老腔水平通道中间部位，钻一口排卤井至水平通道顶部，采用新钻井将排卤管柱下入连通通道、原老井注气的方式，充分依靠气液势能原理最大化利用残渣空隙体积，将残渣中空隙水排出腔体。

该方法预计可增加单腔储气空间20%以上，2018年已在楚州储气库安24–25井组中间部位钻探排卤井一口（图6–13），目前正开展后续改造工作。

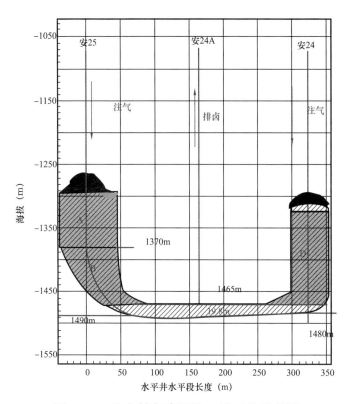

图 6-13　盐穴储气库两注一排工艺示意图

## 2. 腔底形态控制扩容

层状盐层建库形成的大量的不溶物残渣成丘状堆积在腔底，残渣经卤水浸泡后体积膨胀，导致排卤管柱难以下到盐腔最底部，无法最大限度地排出卤水，造成有效造腔体积减小。据估算，对于一个直径 80m 的盐腔来说，每减少 1m 深度的排卤量，会减少近 5000m³ 的地下储气空间。

盐腔底部残渣射流冲洗方法可有效解决在多夹层盐岩溶腔时遇到的泥岩、石膏等不溶物残渣严重沉积等问题。

底部残渣射流冲洗方法主要是利用自振射流技术和阻尼式
旋转控制技术。自振射流造腔工具主要由旋转控制器和旋
转喷头组成，用钻杆将其送至井下造腔段，地面高压泵车
将加压后的工作液通过油管、单向阀和旋转控制器送到旋
转喷头，产生多股自振空化射流，在腔内进行冲洗作业。
在注气排卤前，利用自振射流造腔工具对溶腔底部进行冲
洗，冲出部分残渣，在盐腔底部形成 5～20m 底坑，注气
排卤管柱可下入底坑中，加大了注气排卤管柱的下入深度，
可有效增加排卤总量，达到增加腔体有效容积的目的。该
方法已在金坛储气库 JK8-6 井进行了试验，利用自振射流
造腔工具在盐腔底部进行射流冲洗，加大了排卤管柱下入
深度，预计可多排出卤水超过 4500m$^3$，也就是说可增加盐
腔有效体积 4500m$^3$ 以上。

3. 天然气回溶造腔扩容修复

盐穴储气库造腔主要采用水溶造腔法，造腔过程需要
注入阻溶剂（柴油、氮气、天然气等）来控制腔体形状。
我国在层状盐岩中建腔通常采用柴油作为阻溶剂正循环单
井水溶造腔方式。受盐矿地质条件复杂、地下盐层不均质
性强、夹层较多且厚和造腔工艺技术水平限制等制约，致
使部分盐层在造腔过程中并未被完全溶蚀，形成偏溶，最
终表现形式是腔体形状不规则。为充分利用盐岩资源，有
必要对部分偏溶严重的腔体进行扩容和修复。回溶造腔作
业一般在注气排卤完成后实施，若使用柴油进行回溶修复，
柴油用量大，经济成本高，通常选择天然气作为阻溶剂进

行回溶修复。此时地面天然气管道已连接至井口，便于天然气取用，$\phi 114.3mm$ 内管及 $\phi 177.8mm$ 造腔外管已更换为 $\phi 114.3mm$ 单管，进行回溶造腔作业时，减少了地面管线和地下管柱改造，降低了作业成本。经金坛储气库现场试验分析，采用天然气阻溶造腔，可降低造腔成本，金坛储气库减少单腔损失量约 $50\sim 100m^3$，减少柴油成本约 30 万～60 万元。

使用天然气作为阻溶剂对现有盐腔进行扩容和修复主要有双管回溶造腔模式和单管回溶造腔模式两种造腔方法。双管回溶造腔模式与柴油阻溶剂相似，但是需要将造腔井口和造腔管柱更换气密封井口和管柱组合，腔体扩容及修复完毕后还需要将现有井口和井下设备更换成注气排卤井口和注采完井装置，成本较大；单管回溶造腔模式较为简单，在注气排卤阶段便可实现，利用已有注气排卤和管柱组合即可达到要求，成本较低。目前，该技术已在金坛储气库进行了现场试验，试验超出预期目标，实现单腔扩容 $1.4 \times 10^4 m^3$（超出预期 $3000m^3$）；腔体偏溶得到有效缓解，上部突出的岩脊完全垮塌，腔体形状更加规则，稳定性更好；后期注气排卤作业砸坏排卤管柱的风险得到消除，大大增加了盐穴储气库的库容量和工作气量，降低了建造成本，增加了经济效益。

（四）优化垫层顶板保护设计

为了有效控制盐腔形态，防止含卤水泥密封座脱落，以及保护顶板的密封性，需要采用合适的垫层保护，防止盐腔顶部直接与卤水接触。垫层保护是在盐腔中加入阻溶剂，从而在卤水与腔体顶部之间形成一层保护层，隔断盐腔顶部盐岩层，以防止直接与卤水接触。阻溶剂主要有液态和气态两种。

目前，国内盐穴储气库造腔普遍采用柴油作为阻溶剂。柴油作为阻溶剂不可避免地以游离态和乳状液态混于采出的卤水中，需要建设用于分离采出卤水中柴油的分离装置。分离出柴油等杂质的卤水才可以用来制盐，分离出的柴油可以回收利用。随着混入卤水的柴油的增加，需要适时适量补充柴油。柴油作为阻溶剂消耗量大、成本高。

氮气作为阻溶剂，不会对卤水造成污染，含有少量氮气的卤水甚至可以直接排放到海洋、盐湖或其他政府许可的地方。由于氮气具有可压缩性，随着压力升高在水中的溶解度增大，气垫厚度控制较难，特别在溶腔开始和初期阶段，界面深度控制难度相对更大。2017 年 7 月 7 日，国内氮气阻溶造腔工程试验注氮获得成功，标志着氮气阻溶造腔试验井口安装工艺、造腔管柱下入工艺、光纤界面检测仪安装及测试工艺已经成熟，具备了造腔条件。

对国外某储气库用氮气和国内某储气库用柴油作为阻溶剂在溶腔第一阶段（正循环溶腔）的实际消耗量进行对比分析，说明氮气与柴油作为盐穴储气库造腔阻溶剂在经济性上存在差异。国外某储气库溶出地下 $1m^3$ 盐腔消耗氮气 $0.54m^3$，折算人民币约 0.60 元 $/m^3$；国内某储气库溶出

$1m^3$ 盐腔消耗柴油 2.62L（部分柴油在溶腔阶段末留在腔内，在下一个阶段溶腔可以利用，该部分柴油未纳入统计），折算人民币约 17 元 /$m^3$。对比可知，氮气作为阻溶剂的经济性明显优于柴油。氮气与柴油作为阻溶剂对比见表 6-3。

表 6-3　氮气与柴油作为阻溶剂对比

| 阻溶剂 | 地面工艺设施 | 环境影响 | 可操作性 | 经济性 |
|---|---|---|---|---|
| 氮气 | 氮气站、地面注气汇管、单井注气管线、井场注气设施、井场排气设施等 | 无污染，氮气无须回收，可直接排放 | 溶腔开始和初期阶段，界面深度控制难度较大 | 氮气消耗量低，造腔成本低 |
| 柴油 | 注油站、地面注油汇管、单井注油退卤管线、地面柴油分离设施等 | 柴油需要回收，油卤分离难度大，存在环境污染风险 | 垫层厚度容易控制 | 柴油消耗量大，造腔成本高 |

选择氮气还是柴油作为阻溶剂，不仅要考虑环境、经济因素，还必须考虑具体地质条件，如溶腔盐岩井段长度、不溶物含量、不溶或难溶地层在溶腔井段的分布情况等。

（五）优化利用老腔

我国废弃盐腔数量已达 300 余个，且每年仍以一定的速度递增，盐化企业采盐形成的废弃溶腔为加快利用老腔改建储气库提供了可能。

国内外实践经验表明，只有采卤过程中未发生垮塌事故、腔体埋深适中、腔体净体积足够大，以及与邻近腔体间的安全矿柱和腔体顶板盖层能满足腔体独立安全运行要求，且老井井口远离村落、学校、医院等人口密集区，便于施工改造的腔体，才具备改造利用的基础。

老腔改造利用，首先需要通过对地面条件、地质条件、腔体条件进行分析评价，初步确定可改造利用的老腔；然后对初步选中的可改造利用腔体进行水压试验、常规检测和声呐检测、长期稳定性和密封性详细评价，确定最终可利用老腔；最后需对可利用老腔井口和井筒进行改造修复。相比新井造腔，老腔直接利用盐化企业已建腔体，不需进行水溶造腔，可大大缩短造腔周期和降低造腔工程投资。

以金坛储气库老腔改造利用为例，对比分析老腔利用和新井造腔投资差异及建库周期差异（表6-4）。从表6-4可以看出，老腔利用单井投资为1515万元，相比新井造腔每口井节约投资1398万元，建库周期节约3～4年。由此可见，利用老腔改建储气库对于有效降低盐穴储气建设项目投资，提高盐穴储气库经济效益有重要的意义。

表6-4　投资和建库周期对比分析

| 造腔方式 | 钻井工程（万元） | 造腔工程（万元） | 老井修复改造（万元） | 老腔评价检测（万元） | 合计（万元） | 建库周期（年） |
|---|---|---|---|---|---|---|
| 老腔利用 | | | 965.5 | 549.5 | 1515 | 1 |
| 新井造腔 | 672 | 2241 | | | 2913 | 4～5 |

## 三、注气排卤工程投资控制

注气排卤工程投资控制方式主要包括排卤方法的优化和排卤工艺的优化。

## （一）优化简化注气排卤管柱

注气排卤完井的常规方法是注气管柱、排卤管柱分别选用 $\phi177.8$mm、$\phi114.3$mm 的油管，注气排卤完毕后带压起出 $\phi114.3$mm 排卤管柱，注气排卤相对速度较慢，如体积 $20 \times 10^4 m^3$ 的腔体排卤时间超过 4 个月，且排卤期间排卤管柱易堵塞。经过多年研究与实践，金坛储气库采取简化的注气排卤完井管柱，即取消 $\phi114.3$mm 的排卤管柱，直接通过 $\phi244.5$mm 套管注气，$\phi177.8$mm 油管排卤。$\phi177.8$mm 油管下部安装有丢手，注气排卤完毕，将丢手以下的油管直接丢落于腔体内，丢手以上的油管作为注采管柱（图 6-14）。

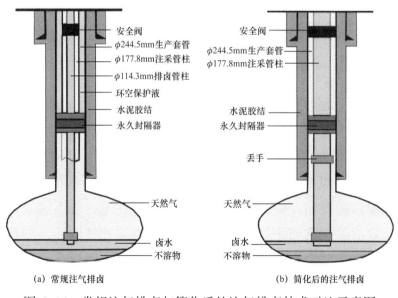

(a) 常规注气排卤          (b) 简化后的注气排卤

图 6-14 常规注气排卤与简化后的注气排卤技术对比示意图

与常规注气排卤尺寸相比，简化后的注气排卤工艺的注气和排卤管柱尺寸均增大，既可以提高排卤速度，又可以解决排卤管柱的堵塞问题。同时，由于取消了带压起 $\phi$114.3mm 的排卤管柱作业，降低了管柱投资和作业成本。

（二）采用连续油管排出残留卤水

盐穴储气库在注气排卤过程中，由于排卤管柱不能下入腔体的最深处，在完成注气排卤后，在腔体的底部留有超过 $1 \times 10^4 \text{m}^3$ 的卤水。为了在注气排卤后最大限度地排出剩余卤水，在完成注气排卤后，再利用连续油管插入腔体底部，抽出剩余卤水。使用 $\phi$76.2mm 连续油管，在 15MPa 井口压力的情况下，每小时可排出卤水 $50\sim60\text{m}^3$，既可以排出腔内残余卤水，又可以避免常规注气排卤因气液界面低于排卤管柱而产生井喷事故，安全高效。

（三）优化注气排卤工艺

利用地下盐穴储存天然气时，需要注入天然气将盐腔内的卤水置换出来。注气排卤初期，位于腔底位置的排卤管下部卤水饱和度较高，随着注气排卤开始，饱和卤水通过排卤管向上流动，受温度降低、排卤速度、不溶物杂质等因素的影响，可能导致晶体附着于管柱上，若不能及时有效清除，将加速盐岩结晶甚至引起排卤管柱堵塞，导致泵压升高或完全堵塞而无法排卤、井口或地面管线泄漏等问题，不仅增加了工程施工的风险，而且还延长了施工周期、增加了建设投资。

为降低工程施工风险，减少工程事故发生，提高注气排卤工作效率，缩短注气排卤工作周期，降低注气排卤工程投资，采取优化排卤管下入位置，优化反冲洗参数、温度和流量，排卤管内壁处理等措施，优化注气排卤工艺。

排卤管下入深度越大，即越靠近盐腔底部，可排出的腔内卤水越多，形成的天然气储存空间越大。但因排卤管底部接近腔底堆积物，注气排卤采用反循环方式，很可能将腔底堆积物中的部分不溶物带入排卤管柱，引起管柱结晶或堵塞。因此，排卤管下入位置的优化确定，需按照常规的设计原则，同时考虑排卤管下入深度与盐腔排出卤水体积比及排卤安全性，综合确定排卤管下入深度。

在注气排卤现场作业中，排卤管底部的过饱和卤水持续排出时，在低温等适宜条件下，结晶难以避免，设计合理的反冲洗流程和参数是防止管柱结晶堵塞最直接有效的方法。注气排卤过程中，反冲洗淡水注入前需进行除氧、除 $CO_2$，防止其与卤水中离子结合结垢和对管柱内壁腐蚀；同时需定期采用高温淡水进行反冲洗，稀释管柱内卤水浓度，并溶解排卤管柱内壁的盐结晶。停止注气阶段，可以采取持续向排卤管柱中小流量注入高温淡水（60℃以上），稀释排卤管柱内卤水浓度，促进已生成的晶体溶解，预防卤水析出晶体。

实验证明，排卤管柱内壁表面的粗糙度对盐体结晶有一定影响，通过在排卤管柱内壁涂刷油漆可以提高管壁的光洁度，有效减少排卤管结晶和防止管柱内壁腐蚀。

## 四、垫底气投资控制

### （一）优化垫底气规模

垫底气规模受盐腔最低工作压力和运行温度影响，在盐腔储存空间恒定的情况下，垫底气量随最低工作压力增加而增加，随盐腔最低运行温度的增加而减少，但最低工作压力是影响垫底气量规模的决定性因素。对于有效储气体积为 $25 \times 10^4 m^3$ 的盐腔，盐腔运行最低温度为 35℃ 时，最低工作压力增加 1MPa，垫底气量增加约 $320 \times 10^4 m^3$；盐腔运行最低温度为 30℃ 时，最低工作压力增加 1MPa，垫底气量增加约 $370 \times 10^4 m^3$。因此，在满足储气库调峰需求和盐腔稳定性评价的前提下，合理确定盐腔最低工作压力和运行温度，是降低垫底气规模的有效手段。

### （二）优化垫底气材料

目前，地下储气库通常以天然气作为垫底气，垫底气在地下盐穴储气库的投资中占比超过 25%，沉淀了大量资金。例如，2010 年底，美国地下储气库中总垫底气量达 $1176 \times 10^8 m^3$，沉淀资金高达 86 亿美元。二氧化碳气体具有较高的可压缩性、价格低廉、不易与天然气混合等的特点，可用于替代天然气作为地下储气库垫底气。二氧化碳作为垫底气，在采气期间，随着地层压力的下降，二氧化碳会膨胀而充填垫层容积；而注气时，随着地层压力的升高，其压缩后密度会超过天然气。

自 20 世纪 70 年代开始，美国、法国和苏联等国家进行了利用二氧化碳作为枯竭型油气藏储气库垫底气实验研究。全苏天然气科学研究所用二氧化碳部分代替垫层天然气实验研究表明，地下储气库总储量中，有效气的气体量可达 70%，在这种情况下，采出气体中二氧化碳分子组成不超过 0.5%，用二氧化碳替代天然气作垫底气，可大大降低作为垫底气的天然气量，从而大大降低垫底气投资。法国燃气公司的实验也表明，用二氧化碳可替代 20% 的垫底气。

总之，利用二氧化碳替代地下储气库中作为垫底气的天然气，不仅可减少地下储气库中垫底气体积，增大有效工作气量，降低地下储气库投资和运行费用，而且还可以实现碳储存，降低温室效应，是未来发展的主要方向。

## 五、地面工程投资控制

### （一）优化地面工程设计规模

盐穴储气库作为天然干线管道的配套调峰设施，项目建设周期受盐化工企业卤水消化能力的制约，建设周期一般比较长。但考虑到盐穴储气库工程具有单腔建成后能独立运行发挥功效的特点，通常采取总体规划、配套建设、分步实施（分期、分批）建设的原则建设。

确定项目建设规模和分期建设方案时，应根据项目功能定位，合理匹配地面注采气能力与地下溶腔储气能力，配套地面工程和外输管道工程与项目总体规划统筹优化，以避免因地下工程建设规模和地面工程建设规模匹配不合理，导致地面工程或地下工程规模过剩造成投资浪费。此外，当项目分期建设实施时，应统筹考虑地面工程建设工期安排与地下工程建设安排的协调性，避免地面建设工程提前实施造成投资浪费等情况发生。

（二）优化站场选址和布置

在满足安全生产的前提下，科学合理地布置总平面图，是控制地面工程投资的重点。科学合理地选择站址，一是减少土地征用数量，降低土地征用费和拆迁补偿费；二是减少场站土方平衡工程量，降低工程投资；三是可以减少站内道路、集输管网、供电线路等工程建设，降低地面工程投资。如果站址选址不当，不仅会给生产管理带来不便，而且还会使地面工程费用增加，造成不必要的浪费，甚至还会增加地方协调难度，给储气库工程建设带来很大的困难，影响储气库项目建设进度，造成不必要的人力物力消耗。更为严重的是，站址选择不合理将会给储气库安全生产管理带来较大隐患。

（三）优化压缩机选型

注气压缩机是盐穴储气库最核心、最关键的设备，也是储气库能耗最大的设备。因此，注气压缩机选型不仅对地面工程投资产生影响，而且决定着储气库项目的运行能耗。

应用于天然气地下储气库的压缩机主要有离心式压缩机和往复式压缩机两种类型，从技术上来说，二者均可满足注气工况要求。离心式压缩机相比往复式压缩机，排量相对较大，在相同注气工况下，选用离心式压缩机时配置数量较往复式压缩机配置数量少，可降低工程投资。同时在不超过单井允许最大注气能力的前提下，通过管网调配优先保证大规模盐穴储气库注气，充分发挥离心式压缩机大排量注气的优势，使压缩机尽量在高效区运行，有助于降低能耗。

注气压缩机的驱动方式有电驱和燃驱两种。从技术上讲，无论采取哪种驱动方式均能满足注气工况的要求。电驱压缩机与燃驱压缩机相比，运行可靠、管理简单、维护工作量小、维护费用低，但运行费用高。燃驱压缩机一次性投资较高。

选择往复式压缩机还是离心式压缩机，电动机驱动还是燃气发动机驱动，应全面考虑建设投资、运行费用、运行可靠性及操作方便性等因素，综合比选后确定。

### （四）优化联络管道设计

输气联络管道是连接盐穴储气库和干线管网的通道，具有注气输送和采气外输双向输送功能。输气管道设计规模、线路方案和管材选择等是影响输气联络管道工程投资的主要因素。

#### 1. 合理确定输气规模

外输联络管道设计规模的确定应满足盐穴储气库注采运行需要，充分考虑目标市场近远期调峰需求、最大采气规模、最大注气规模及盐穴储气库高强注采灵活运行的特点等因素，综合比选确定外输联络管道设计规模。若管径选择过大，则外输管道处于长期低负荷运行，会造成投资浪费；若管径选择过小，则不能满足盐穴储气库天然气外输及注气的需要，影响储气库的调峰效率。

2. 优化线路方案

管道选线时应结合线路途经地区地形、地貌、人文、交通及经济等条件，综合考虑城市规划、土地利用规划、环境影响评价、地质灾害危险性评价、矿产压覆评价、文物评估和地震安全评价等因素，在保证管道安全的前提下，力求线路平直，尽量沿现有公路敷设，方便道路施工和管理，节省投资。

3. 管材选择

对于大口径管线钢管可供选择的制管方式有螺旋缝埋弧焊钢管、高频电阻焊钢管、直频埋弧焊钢管和无缝钢管，国内外天然气长输管道多采用螺旋缝埋弧焊钢管和直频埋弧焊两种钢管，两种钢管各有优缺点。

输气管道要求管材强度高、塑性及韧性好，具有良好的焊接性和抗腐蚀能力，易于加工制造且成本低廉。管材选择着重从管材强度、韧性、可焊性、抗震性、抗腐蚀性、经济性等几个方面，综合比选确定，以免管材选择不合理（管材钢级过高），造成投资浪费。

# 第三节　招投标阶段投资控制

工程招投标阶段做好工程造价管理不仅有利于形成以市场为主导的价格竞争机制，优化资源配置、促进发包方与承包方的合作，而且也是工程进度款计量与支付、工程变更、索赔管理、合同的最终结算与决算的基础依据，规范有序的招投标活动能够促进工程造价体系规范化。招投标阶段的工程造价管理主要体现在以下六个方面。

## 一、明确招标投标范围和边界的划定

明确招标投标范围和边界的划定是工程项目招标的重要一环，是招标人准确计算工程量清单和投标人合理确定投标报价的基础。如果招标投标范围不甚明了，边界划定不清，工程量清单就容易重项或漏项或少算，工程量清单的准确性难以保证，结算时容易引起误解歧义，导致合同争议与纠纷。故对于招标范围应详尽具体，在文字表述的同时将施工图详尽列出，并加以详细说明。

## 二、合理确定招标控制价

招标控制价可以委托具有相应资格和能力的造价咨询机构编制。控制价，应该是在科学合理、正常施工组织设计条件下，咨询单位站在客观、公正的立场上，根据招标图纸、招标文件、现场情况、国家有关法规，综合考虑了利润、管理费、施工方案、工程风险等因素，编制的招标工程限定的最高工程造价，是对投标人有约束力的价格。一份好的控制价，应该从市场实际情况出发，体现科学性和合理性，中标单位在控制价内施工，能够获得合理的利润，业主单位在控制价内招标，能节约基建投资，建设施工双方达到共赢局面。

为科学合理确定招标控制价，应尽可能多地掌握同类工程项目的造价资料，并进行大量市场调研，对工程所在地周边区域的人工、材料、机械市场价格掌握精准，对可能使用的新工艺、新方法要充分估计，同时兼顾拟建工程具体条件、水平、招标文件中的计价规定等因素。在实际工作中应注意以下3点：

（1）参与招标、设计交底，熟悉设计图纸和图纸说明书，准确计算工程量，因为漏算和错算都会直接影响到控制价的准确性。

（2）一般来说，工程的主材设备价格通常占到工程总造价的60%以上，因此在编制控制价时，对于工程中的设备、主要材料、大宗材料进行市场询价，熟悉市场行情，保证价格真实性、客观性，为合理确定材料价格奠定基础。

（3）踏勘现场，确定施工方案。任何一个工程的控制价都与一定的施工方案有关，不同施工方案有不同的控制价，因此确定合理的施工方案非常重要。由于有些内容未在招标书中反映，而这些内容却是控制价的重要组成部分，因此在确定施工方案前，需进行工程现场踏勘，熟悉工程现场自然环境、人文地理等条件，充分了解并掌握对外协调、索赔及一些不可消减的风险因素。

## 三、编制高质量的工程量清单

目前,《中华人民共和国招标投标法》中未对投标报价中的不平衡报价做出明确限制性规定,所以投标人往往以此作为投标策略,以获得额外的利润。工程量清单是招投标最重要的文件,招标人对编制的工程量清单的准确性和完整性负责,承担量的风险;投标人对工程量清单不负有核实的义务,更不具有修改和调整的权利,只承担价的风险。投标人依据工程量清单进行报价,招标工程量清单是招标、投标及竣工结算的重要依据。工程量清单编制质量的高低直接影响着投标人的报价,同时也是防范不平衡报价的关键。

建设单位应选择具有良好信誉,经验丰富、专业的造价咨询机构编制工程量清单,严格按照《建设工程量清单计价规范》(GB 50500—2013)明确的计算规则进行计算。清单工程量应计算准确无误,项目特征和工作内容表述准确、全面、清晰,避免因投标人理解上的差异,造成投标单位投标报价时不必要的失误,引起招标争议和合同索赔。

## 四、采用科学的评标标准及方法

在招标文件中要明确对出现严重不平衡报价的应对措施,如采用扣分的方式降低滥用不平衡报价投标单位的中标几率,设置清单项的最高最低限价等方法。目前的评标方法主要有最低投标价法、综合评估法、综合评分法等。招标人应根据项目特征制定相应的评标规则,科学计算各报价组成因素的标准平衡值，为评标人判断不平衡报价提供依据。对评标者而言，要深刻理解"低价中标"的原则，注意防止承包商隐性的不平衡报价。既要审总价，又要审核分部分项工程综合单价，对于分部分项工程单价较高、工程量较大、主要材料的单价较高、分部分项工程变更的可能性较大的项目要重点评审。对于投标总价报价合理，但个别的分部分项综合单价报价不合理的投标报价应进行修正。按照除该投标人以外其余投标人的该分部分项工程综合单价的平均值修正分部分项工程综合单价，并按修正后分部分项工程综合单价和清单工程量上进行投标报价总价修正。评标时应对严重偏离标准平衡值的项目进行扣分，为限制不平衡报价的投标人中标起到预控作用。

## 五、积极开展清标工作

一般情况下，工程量清单核对可按问题梳理、书面提出、同类合并、集中核对、书面答复、统一确认等步骤进行。

投标人对招标人提供的工程量清单及时理解、消化、核算；投标人将不明白或认为有误、漏项、错算等问题以书面形式，在招标人安排的答疑会上提出；招标人的造价人员将投标人的问题进行分类、合并、复核、整理，提前做出答复准备；招标人在统一安排的会上将工程量清单中同一问题与各投标人进行同时核对；招标人对形成的核对结果，出具新版工程量清单交由各投标人确认；投标人确认无误后在新版的工程量清单逐页签字确认，最终形成由各投标人签字的工程量清单确认版；最后招标人将该工程量清单确认版发至各投标人进行组价投标。

## 六、科学合理选择合同类型

《建设工程量清单计价规范》（GB 50500—2013）明确规定，实行工程量清单计价规范的工程，应采用单价合同，以体现风险共担的原则，承发包双方必须在合同中约定风险范围和风险费用的计算方法，并约定超出风险范围时综合单价的调整办法。对于建设规模较小，工程量小且能精确计算、技术难度低、工期较短、风险可控、且施工图设计文件已批准的建设工程，可据此编制准确的工程量清单和招标控制价的建设工程可采用总价合同。采用固定总价合同时，发包方容易控制成本，风险较小，承包商具有较大的风险，既承担价格风险又承担工程量风险，承包商如果不加分析，盲目投标，很可能遭受较大损失，发生合同纠纷与争议，甚至终止合同。因此，承包商选择合同类型时，根据建设工程特点和工期安排等，进行全面的风险分析，综合考虑工程设计是否完整、详细、清楚，工程范围是否明确，招标工程量清单是否漏项、错算，施工现场情况、水文地质等是否良好，自身的现有机械设备、施工技术水平和组织管理能力是否能胜任，国家相关的法律、法规和政策是否相对稳定，合同条款对可能发生的纠纷与争议是否有明确约定等因素科学合理选择合同类型，以防范和减少合同争议与纠纷的发生。

# 第四节 施工阶段投资控制

在工程实施阶段，由于外部条件的变化，设计阶段未考虑周全等因素，导致设计变更，工程投资也随之变化。这一阶段需求投资控制人员对项目实施过程中出现的问题及时研究分析，并及时采取纠正措施，使目标得以顺利实现。施工阶段是造价控制最集中的过程，应从以下七个方面加强投资控制。

## 一、加强合同管理，注重合同执行

建设工程合同是明确双方法律关系的基础。施工过程中应坚持以合同管理为主线，从质量、进度、费用等方面不断强化造价管理的过程控制。形成"以合同指导施工，以施工控制合同"的合理管理模式。避免施工合同无管理、施工合同管理与施工项目管理相分离、施工合同管理与施工企业管理以及合同争议及索赔事件相脱节的情况，确保建设目标的顺利实现。

## 二、优化施工组织设计，严密组织施工

盐穴储气库项目建设涉及钻井、造腔、注气排卤及注采完井、地面建设等多项工程，涉及内容广泛，工序复杂，需多专业、多工种共同配合，只有保证施工建设的有序性、连续性、平行性、均衡性，才能很好地控制工程造价。

施工前应科学编制施工组织设计，做到施工组织规划

达到最优组合，从经济和技术等角度选择最优施工方案，施工组织上保证各工序之间在时间上紧密衔接，可实行平行交叉作业；施工过程中，以横道图和网络计划管理为手段，有效控制施工进度，尽量避免窝工、浪费工时的现象，加强施工机械进退场管理，合理控制施工进度，及时检查进度完成情况，并针对进度滞后环节，分析偏差原因，制定纠偏措施，有效控制和缩短项目建设工期。

## 三、加强和优化现场监测管理

盐穴储气库建设项目钻井工程、造腔工程、注气排卤及注采完井工程均在地下建造实施，由于盐岩地层的复杂性和对地层认知的不充分，现场工程施工存在一定的不确定性。为全面实现盐穴储气库建设项目工程建设目标，有效降低建设项目投资，加强和优化项目建设过程中的现场监测工作：有助于避免或降低钻井工程停钻、卡钻等事故发生，减少井下维修工作量，提高钻井效率，缩短钻井周期，降低钻井工程费用；有助于及时掌握盐腔形态和体积，及时调整造腔工艺参数，有效避免盐岩夹层垮塌砸坏造腔管柱事故发生，优化腔体形态，提高成腔率，降低造腔工程单位投资；有助于及时掌握注气排卤管柱盐结晶堵塞情况，及时调整注气排卤工况，避免注气排卤中断、重新注入卤水排出已注入的气体情况发生，有效缩短注气排卤周期。

## 四、加强对外协调管理

盐穴储气库项目建设涉及城市规划、土地利用、环境保护、盐化企业、项目建设所在地居民等利益相关方，做好与利益相关方的沟通协调，有利于推进盐穴储气库项目建设和有效降低建设投资。

### （一）与城市规划部门的协调

盐穴储气库项目建设会占用一定的土地资源，这将对城市发展规划产生一定的影响。因此，应积极加强与城市规划部门的协调沟通，确保盐穴储气库项目建设符合城市发展规划的要求，实现与城市发展规划的有机统一，同时落实盐穴储气库建设项目用地规模，确保盐穴储气库建设规模的实现。如云南安宁储气库项目，因受城市发展规划限制，建设用地规模无法满足项目建设的需要，导致规划设计的储气规模无法实现，最终被迫暂时终止了该项目。

### （二）与国土资源部门的协调

盐穴储气库项目建设涉及盐岩矿床资源和土地资源的利用，加强与国土资源部门的沟通协调，一方面有利于及时了解并掌握盐岩矿床资源的矿权性质、开采程度、资源储量及矿产所有权等信息，为合理确定盐岩矿床资源的补偿价值奠定基础；另一方面有利于及时将项目建设用地纳入当地土地利用规划，确保项目建设用地及时充足供应，合理确定项目建设永久用地和临时用地补偿规模和标准，有效控制项目建设用地投资。

## （三）与环保部门的协调

　　盐穴储气库项目建设会产生噪声、固体废弃物、液体废弃物等环境污染物，可能对周围生态环境产生一定影响。加强与项目建设所在地环保部门沟通协调，熟悉了解当地环境敏感因子、生态红线保护以及废弃物处理设施建设与处理等有关要求，采取积极有效措施，确保盐穴储气库项目建设过程中产生的各种环境污染物处理程序和过程安全环保，符合当地环境保护的要求，避免因处理不当产生额外的经济补偿和长期的经济纠纷而导致工程造价难以控制的情况发生。

## （四）与盐化企业的协调

　　盐穴储气库项目建设造腔过程中产生的大量卤水，主要是由当地盐化企业负责处理，盐化企业的生产加工能力决定了造腔速度（造腔周期）及各项设施规格的选择。加强与盐化企业沟通协调，一方面争取获得最大限度的利用卤水处理能力（当多个盐穴储气库项目同时建设时尤为重要）的权力，进而合理确定各项设施规格，达到有效缩短造腔周期，合理控制盐穴储气库建设项目投资的目的；另一方面全面了解掌握建库区块地质构造、水文地质特征、盐岩矿床资源分布及开采利用情况、采盐井施工情况等资料，为合理利用老腔，有效降低项目建设投资奠定基础。

## （五）与项目所在地居民的协调

　　盐穴储气库项目建设过程中对当地居民影响最大的因

素是环境污染和征地拆迁补偿等。施工过程中应积极采取有效措施,分析噪声、废弃物等环境污染物对居民生活的影响,并依据影响程度给予一定的价值补偿;同时对因项目建设导致失去土地的居民的经济补偿应及时合理。积极做好与当地居民沟通协调工作,可获取他们的理解和支持,避免因居民不理解支持以及给予他们的经济补偿不到位等因素而发生窝工、停工等情况,最终导致项目建设工期延长、项目建设投资增加的情况发生。

## 五、加强工程变更管理

工程变更可以理解为合同工程实施过程中由发包人提出或由承包人提出经发包人批准的合同工程的任何改变。工程变更往往是造成投资超合同、超概算的主要原因,是投资控制的重中之重。

工程变更在工程建设中是不可避免的。其发生和形成是动态的过程,在控制过程中,建设单位应采用事前控制、事中控制和事后控制的全过程跟踪控制方法,具体控制思路与方法如下。

### (一)变更审批

工程变更管理分为变更立项审批和变更价格审批两方面。变更立项审批主要从技术方面(包括技术经济分析)进行审查,解决"要不要变"的问题,属于事前控制。变更价格审批则是从造价方面进行审查,解决"变多少钱"

的问题，属于事后控制。

理顺变更管理程序，规定变更的审批程序和权限。重点控制设计变更和施工单位提出的变更。所有的变更都要经过监理单位评审，设计变更必须经过设计单位审批。审批变更的唯一途径是《变更立项审批单》，设计图纸、设计修改通知单、会议纪要、监理文件等所有技术、管理文件中包含的变更必须通过《变更立项审批单》审批后才能实施。工程量签证单、施工组织设计不能作为变更的依据。设计、监理业主人员现场口头指示必须经过《变更立项审批单》书面确认后才能实施。未经审批的变更不得实施（紧急情况按合同规定执行），施工单位擅自实施变更后果自负。由于施工单位原因或风险造成的变更不得调整合同价格。

（二）工程变更处理遵循的原则

（1）必须明确工程设计文件的严肃性，经过审批的文件不能任意变更。若需要变更，要根据变更分级按照规定逐级上报，经过审批后才能进行变更。

（2）工程变更须符合实际需要，符合标准及工程规范。工程变更要做到切实有序开展，节约工程成本，在保证工程质量与进度的同时，还要兼顾各方利益确保变更有效。

（3）工程变更须依次进行，不能细化分解为多次、多项小额的变更计划。

（4）提出变更申请时，要上交完整变更计划，计划中标明变更原因、原始记录、变更设计图纸、变更工程造价计划书等。

（5）工程变更需要现场监理严格把关，根据测量数据、资料进行审查和论证工程变更的必要性，并且需要做好工程变更的核实、计量与评估工作，做到公平、合理，符合规定程序后方可受理。

（6）工程变更批准要求在7～15天内进行批复，严格按照此时间规定，避免出现影响工程进度的情况。

（7）工程变更得到批准后，监理根据复批文件下达工程变更的指令，承包人按照变更指令及变更文件要求进行施工，除此以外，还要相应地减少或增加工程变更费用。

（三）工程变更计价调整

变更计价需遵循以下三条原则：第一，变更计价应符合国家有关法律、法规、技术规范、计价办法；第二，变更计价应执行合同约定的计价原则，变更价格水平与合同价格水平保持一致；第三，变更价格公平合理，客观地反映施工成本及合理利润，使承包人不至于因变更而亏损，发包人也不至于因变更而增加不合理的费用。

## 六、加强现场签证管理

现场签证往往也是造成投资超合同、超概算的主要原因，为加强盐穴储气库建设项目投资管理，有效控制投资，必须加强对现场施工签证单的管理和监督。

## （一）建立和完善现场签证制度

### 1.明确签证审批程序和权限

现场签证必须经过业主、监理单位和承包商共同签字并加盖公章后方才有效。必须明确业主、监理单位和承包商等各方人员权限范围，确认签认各方人员是否有资格代表其单位，建立健全相关监督及追究责任。现场签证需办理"合同外项目签证表"，并填写监理工程师指令，即签证依据。签证后，需办理"工程签证申请表""签证工程量清单"和"签证单价分析表"，并附上完整的支持性材料。

### 2.严格把关现场签证内容

签证时应注意其依据是否充分，内容是否全面、部位是否详细、描述是否准确，与合同、清单是否矛盾。对隐蔽工程应要求提供施工简图、日期、编号作为签证的附件，实测实量，及时处理，对不合理的签证内容必须坚决抵制。

### 3.规范签证格式

现场签证在签证结束后写明一条"以下无签证内容"或用曲线勾画，防止在签证原件尾追加新的签证内容等添加涂改现象的发生，并且要一式几份，各方至少保存一份原件。现场签证要编号归档。在送审时，统一由送审单位加盖"送审资料"章，以证明此签证单是由送审单位提交给审核单位的，避免在审核过程中，各方根据自己的需要自行补交签证单。

4. 划清设计变更和现场签证的区别

现场签证主要是指施工企业就施工图纸、设计变更所确定的工程内容以外，施工图预算或预算定额取费中未包含而施工过程中又实际发生费用的施工内容所办理的签证。

属于设计变更的范畴应该由业主认可，设计单位下发变更通知单，所发生的费用按设计变更处理，不能把应该属于设计变更的内容变成现场签证。

（二）现场签证原则

1. 合理性原则

在签证时应根据合同条款，审查签证内容是否属于合同规定的可以索赔的范围，对因施工单位自身原因造成费用增加不予签证。

2. 准确计算原则

工程量签证尽可能做到详细，不能笼统含糊其词，以符合清单计价规范为原则，根据投标清单的计价单位进行签证。凡是可明确计算工程量的内容，必须签工程量而不能签人工工日、材料消耗和机械台班。现场签证价款按下列方法计算：

（1）签证单价在合同中已有适用的价格，按合同已有的价格执行。

（2）合同中只有类似价格，可以参照类似价格执行。

（3）合同中没有适用和类似单价时，应由施工单位按照合同规定编制补偿单价，由监理单位总监审核后，会同业主、审计单位造价工程师依据合同、计价规范和相关政策处理确定。

### 3. 实事求是原则

对无法计算工程量的内容，以计日工或机械台班数量计量，严格把握实际发生量，实际发生多少签多少，不得将其他影响因素考虑进去用增大签证数量来对承包商进行补偿。

### 4. 及时处理原则

在施工过程中随时进行签证，应当做到一次一签证，一事一签证，及时处理。对一些重大的现场变化，还应及时拍照或录像，以保存第一手原始资料。

### 5. 避免重复原则

在办理签证时，必须注意签证内容与合同承诺、设计图纸、费用定额、工程量清单计价报价等所包含的内容是否有重复，对重复项目不得再计算签证费用。

### 6. 现场跟踪原则

为了加强管理，严格控制投资，承包商应严格按工程施工图组织施工，不得随意更改。发生合同中约定可以变更的情况或非施工单位原因造成工程内容及工程增减经批准后，方能实施签证。凡是费用数额较大的签证，在费用发生之前，承包商应及时将工程联系单报告监理工程师，征得项目总监核实、业主批示后，与业主代表、现场监理人员、跟踪审计人员一同到现场察看，及时草签。

## 七、加强索赔管理

工程索赔是在工程承包合同履行中，当事人一方由于非自身原因或者另一方为履行合同所规定的义务而遭受损失时，向另一方提出赔偿要求的行为。索赔的发生是双向的，只要合同中一方的责任和义务未按合同约定实现，或出现提供的条件与合同约定状态不一致，都有可能出现索赔。通常情况下，索赔是指承包人在合同实施过程中，对非自身原因造成工程延期、费用增加而要求业主给予补偿损失的一种权利救济措施。

索赔按其目的分为工期索赔和费用索赔。其中工期索赔可能会对项目投资产生影响，费用索赔必定会引起建设项目投资的变化。

### （一）工程索赔费用承担原则

#### 1.不可抗力

因不可抗力事件导致工期延误的，工期相应顺延。发包人要求赶工的，承包人应采取赶工措施，赶工费用由发包人承担。

因不可抗力事件导致的人员伤亡、财产损失及费用增加，发承包双方按以下原则分别承担并调整合同价款和工期。

（1）合同工程本身的损害、因工程损害导致第三方人员和财产损失以及运至施工场地用于施工的材料和待安装的设备的损害，由发包人承担。

（2）发包人、承包人人员伤亡由其所在单位负责，并承担相应费用。

（3）承包人的施工机械设备损害及停工损失，由承包人承担。

（4）停工期间，承包人应发包人要求留在施工场地的必要管理人员及保卫人员的费用由发包人承担。

（5）工程所需的清理、修复费用，由发包人承担。

**2. 赶工补偿**

发包人应当根据相关工程的工期定额合理计算工期，压缩的工期天数不得超过定额工期的20%，超过的，应在超标文件中明示增加的赶工费用。

**3. 误期费用**

发承包双方可以在合同中约定误期赔偿费用，明确每日历天数赔偿额度。合同工程发生误期，承包人应当按照合同约定向发包人支付误期赔偿费，如果约定的误期赔偿费用低于发包人由此造成的损失，承包人还应继续赔偿。

**（二）工程索赔处理原则**

**1. 实事求是原则**

索赔事件的处理遵循"以事实为依据，以合同为准绳"

的原则，全面了解索赔事件的真实情况，做好现场记录等索赔依据的搜集整理，作为分析索赔是否成立和索赔费用计算的基础。根据合同中关于业主、承包商各自承担的风险和责任范围，划分索赔责任的界限，确定发包人和承包人费用承担的范围，并根据合同规定的计价方式进行审核，以确定合同双方应承担的费用。

2. 实际损失赔偿原则

索赔费用的计算应以赔偿实际损失为原则，包括直接损失和间接损失。在合同履行过程中，承包商只能对非自身原因引起的实际损失和额外费用向业主提出索赔，不能利用索赔来弥补因经营管理不善造成的损失和谋求不应得的额外利益。

3. 及时处理原则

我国建设工程施工合同文本参照国际上通用的 FIDIC 合同条件对索赔的时效做了如下规定："索赔发生 28 天内，向工程师发出索赔意向通知；发出索赔意向通知后 28 天内，向工程师提出追加合同价款或延长工期的索赔报告及有关资料；工程师在收到承包商送交的索赔报告和有关资料后，于 28 天内给予签复，或要求承包商进一步补充索赔理由和证据。工程师在 28 天内未给予答复或未对承包商做进一步要求，视为该项索赔已经认可"。对于超出规定时效期限的索赔，视具体情况有权拒绝。

### 4. 费用最小化原则

当承包商意识到索赔事件发生时及索赔事件发生后，根据索赔事件的类型和特点，应及时采取有效措施，防止事态的扩大和损失的加剧，以将损失费用控制在最低限度。如果没有及时采取适当措施而导致损失扩大，承包商无权就扩大的损失费用提出索赔要求。

### 5. 引证原则

承包商提出的每项索赔费用都必须提供充分、合理的证明材料，以表明承包商对该费用具有索赔权利且索赔费用计算准确、合理。

### （三）工程索赔的预防措施

### 1. 实施前瞻性预防

业主、监理工程师和承包商，需要借助自己的经验和有关规定，采取积极的措施，防止可以预见的索赔事件的发生，尽量将工作做在前面，减少索赔事件的发生。

对于物价上涨可能引起的索赔，可以通过施工招标、采取将涨价作为风险一次包死的作法来加以防范，即在商签合同时，根据工期长短、市场物价走势的预测，双方商定一个风险费用给承包商，并在合同中规定建设期间国家、地方政府的政策性调价文件一律不再执行。

### 2. 科学编制招标文件

合理划分施工标段，尽量减少标段之间的干扰。在招标文件中明确发包人义务和承包人义务界限，明确发包人提供的施工条件、地点、内容；明确发包人、承包人各自承担风险范围。一般原则是双方各自承担自身原因造成的损失，不可抗力风险由双方分担。

3. 强化设计文件管理

设计文件是工程施工的基础，设计文件质量水平决定了项目设计功能实现的程度，同时制约着项目建设的投资水平。设计文件应符合规范要求，施工说明书应严密翔实，设备、材料规格型号标注准确、规范和统一，工程量计算准确，使于组织施工；加强设计文件审查，防止设计文件错误造成停工、窝工；积极组织现场踏勘，防止因施工图设计文件与现场施工实际地质、环境等方面的差异引起索赔事件的发生。

4. 重视合同签订，规范、完善合同条款约定

建设工程施工合同是承包人进行工程建设施工，发包人支付价款的合同，是建设工程的主要合同，同时也是工程建设质量控制、进度控制、投资控制的主要依据。建设工程施工合同条款内容应全面准确、条理清晰、措辞严谨，明确界定双方权利义务、风险范围、风险承担原则、工期和费用补偿范围和原则等，防止合同表述错误或不清、招投标文件与合同文件条款约束不一致等因素引起的索赔事件发生。

## 5. 严格控制发包人风险

做好自然灾害的防范和应急措施，做好保险投保与索赔工作，加强自身管理以及对设计人员、监理人员的管理，减少工作失误。

## 6. 规范发包人、监理人指令

遵循工程建设的客观规律，加强科学管理，加强工作的预见性，提前工期的要求应合理，不随便对施工进行干预。

# 第五节　竣工结算阶段投资控制

工程竣工结算是工程造价控制的最后一个重要环节，是工程造价管理的重中之重，是确定工程建设项目最终造价的重要依据，是工程建设相关单位关注的核心问题。

盐穴储气库建设项目工艺复杂、建设规模大、施工工期较长、施工环境复杂，因此在施工过程中，实际条件往往与预期情况存在一定的偏差，如恶劣天气、自然灾害、预期地质条件变化、材料价格波动、人为因素等问题，均会影响工程造价，使其与施工合同中的预期价格产生偏差。盐穴储气库建设项目竣工结算审核，以设计文件、施工合同、招标文件、设计变更、现场签证等为主要依据，根据国家有关政策法规对发承包双方的实物交易情况进行审核，进而得出较符合工程实际情况的竣工结算价。可见，竣工结算审核对工程造价控制的最终成果影响显著。

为确保竣工结算审核的科学性和有效性，以保障盐穴储气库建设项目投资控制成效，应采取下述措施。

## 一、竣工结算审查在施工阶段提前介入

项目竣工结算编制和审查通常是在项目建成竣工验收后开展的，但不是简单的核算项目建设花费的费用，而是真实客观地反映建设的成本。施工阶段是盐穴储气库建设项目实体形成的过程，是建设资金投入最大的阶段，是工程变更和现场签证发生的阶段，更是盐穴储气库项目投资控制的重要阶段。为合理确定和控制盐穴储气库建设项目投资，竣工结算审查管理工作应在工程施工阶段提前介入，工程造价管理人员实施现场造价监督管理，加强竣工结算现场资料的搜集、整理和核实；监督盐穴储气库建设项目施工内容和要求是否完全按设计文件规定组织实施；核实设计变更和现场签证提出的必要性、合理性、真实性、经济性以及与工程施工合同相关内容的一致性。

## 二、加强竣工结算审查组织管理

盐穴储气库建设项目涉及钻井工程、造腔工程、注气排卤工程、地面工程等单项工程。各单项工程建设内容、建设规模、建设难点、投资构成，以及控制的重点和难点也均不相同。在盐穴储气库建设项目竣工结算审核中，应采取竣工结算审核全过程管理模式，竣工结算审查工作开始前，结合各单项工程的特点，编制竣工结算审查工作方

案，明确竣工结算审查的重点和难点、竣工结算审查拟采用的方法等；竣工结算审查过程中，及时梳理结算中发现的各类问题，编制问题清单及相关问题处理意见，针对结算中发现的重大特殊问题，可组织召开专题协调会，必要时可聘请专家研究论证相关重大特殊问题处理意见；竣工结算审查工作结束后，及时编制结算审查总结报告，对竣工结算审查工作进行全面总结，其中对结算审查中发现的各类问题和处理意见以及对今后竣工结算工作的警示和启迪予以重点说明。

## 三、竣工结算资料审查

竣工结算资料主要包括施工图、图纸会审记录、竣工图、设计单位修改或设计变更通知单、技术核定单、隐蔽工程验收记录、现场签证等技术资料和工程结算书、招标文件及补充文件、招标答疑文件、投标文件、中标通知书、工程施工合同、材料核价单、工程量清单等经济资料。竣工结算资料的完整性、准确性影响着竣工结算审查质量，直接决定了建设项目竣工结算阶段造价能否得到有效控制。因此，发包人应建立独立的资料管理体系，结算审查时，应对承包商送审的工程结算资料与自身掌握的资料逐一对比，核实资料的完整性、规范性和准确性，对资料不一致的地方，承包商必须做出详细的说明与澄清，以便提高竣工结算造价编制水平，客观准确地把握工程价款的变化，合理确定工程竣工结算造价。

## 四、加强现场复核工作

发包方在熟悉承包商送审的竣工结算资料后，组织各结算相关单位到建设项目现场实地查看，对现场进行完全详细的了解，核实是否与提供的资料一致，是否有甩项未提供资料，变更或签证工程量是否准确等，特别是对施工图纸有变化的内容（如设计变更、现场签证、技术核定单等）要重点复核。对复核与提供资料不一致的地方要做现场勘察记录，各现场代表在勘察记录上签字确认，作为竣工结算资料的一部分。

## 五、工程量审核

工程量是决定工程造价的主要因素，工程量的审核是工程竣工结算审查的重点、难点，复杂而烦琐，其正确与否将直接影响工程造价的准确度。工程量审核必须以工程竣工验收报告、隐蔽工程验收记录、工程竣工图、设计变更、现场签证及现场实际情况为依据，按照合同约定的建设内容和规模，依据不同的工程量计算规则，对工程量进行全面逐项审查，核实是否按照合同约定完成全部工程并验收合格，工程量计算是否有漏算、重算、错算。

## 六、核实套价取费

结算单价对工程造价的影响十分显著，单价不准确将直接导致工程造价不准，对相关管理控制工作造成不利的影响，因此在进行竣工结算审核时，应强化对工程单价的审核，确保其符合现行计价规则与计价方法。工程量清单计价模式一般采用固定单价合同。因此，结算审核时应熟悉招标文件、工程量清单、投标文件、施工合同，对未发生改变的工程量清单项目，将结算的综合单价与投标时的综合单价逐项对比审核；对于设计变更和现场签证增加的清单内已有项目或类似项目，审核综合单价确定是否符合规范、招标文件和施工合同相关条款约定的要求；对于新增项目一般需要重新组价，审核时应重点关注清单项目包括的项目特征、计量单位、工程量计算规则、工作内容描述是否全面清晰及定额套用是否准确等。

## 七、材料设备价审核

材料费用是构成工程造价的主要因素。据测算，盐穴储气库工程材料设备费用占 60% 以上，且呈上升趋势。对资金占用额大，采购较困难的设备材料给予重点审查。审查时，甲供设备材料应对照甲供设备材料采购清单进行全面逐项核查，同时核查设备材料采购发票的时效性和真实性；乙供设备材料应对照设备材料采购清单进行全面逐项核查，同时核对设备材料采购价格是否在甲方批准的限价之内，并核查设备材料采购发票的时效性和真实性。对于材料价差的调整审核，一方面核实承包人是否按照合同约定的风险范围进行调整，对风险范围之内的不进行调整，风险范围之外的可进行调整；另一方面核实承包人是否按照合同约定条款，调整暂估价和材料价差，是否将建设单位委托购买的材料列入工程结算的情况等。

## 八、设计变更审核

为了确保竣工结算造价控制的有效性，在发生设计变更的情况下，应结合变更内容和变更实际情况，核实设计变更发生的原因和理由，摸清设计变更发生的实际责任方，判定变更内容是否符合要求，明确设计变更费用的承担者，分析判断设计变更是否造成了投资浪费。同时重点核查设计变更资料的完整性和真实性，核实是否存在承包商故意隐瞒降低工程造价的设计变更资料，捏造增加结算价款的设计变更资料，变更价款调整是否符合施工合同或招标文件约定等情况。

## 九、现场签证审核

盐穴储气库建设项目施工是一个动态的过程中，在施工过程中产生的各种签证，均具有一定的时效性，是签证双方结合工程合同要求，对自身职责、义务、权利进行履行的重要见证，签证的内容与有效性直接影响着签证双方的经济效益。在盐穴储气库项目竣工结算审核中，为了避免通过签证徇私舞弊、谋求私利的行为，应强化对现场签证的审核，对现场签证理由是否充分，签证是否手续完整，签证中文字表述是否清晰，现场签证是否与合同或招标文件条款相矛盾，现场验收资料是否与现场签证互相矛盾，签证工程量是否与主体工程量重复计算，签证发生时间是否与签证时间相符，以及签证价款调整是否符合合同或招标文件约定等情况要进行重点审查，杜绝虚假签证的发生。同时，对承包人故意瞒报、漏报和错报的要坚决披露，并在形成的书面意见中给出充分的根据和明确的说法。

## 十、索赔审核

工程索赔是工程承包中经常发生的正常现象，通常是指承包人在合同实施过程中，对非自身原因造成工程延期、费用增加而要求业主给予补偿损失的一种权利救济措施。索赔按其目的分为工期索赔和费用索赔，工期索赔可能会对导致建设项目投资变化，费用索赔必定会引起建设项目投资的变化。由此可见，预防索赔事件的发生及合理确定索赔费用，是工程投资控制的一个重要方面。竣工结算审查时，应对承包商提供的索赔证据的充分性、完整性、真实性和时效性进行全面审查，认真分析索赔事件发生的原因，分清责任范围和内容，明确补偿内容（即单纯补偿工期或费用，还是工期费用同时补偿），审查索赔费用计算是否准确。由于一些引起索赔的事件，同时也可能是合同中约定的合同价款调整因素（如工程变更、法律法规的变化及物价波动等），因此，对于已经进行了合同价款调整的索赔事件，承包人在费用索赔的计算时，不能重复计算。

### 参 考 文 献

丁国生，张昱文，等，2010.盐穴地下储气库［M］.北京：石油工业出版社.

丁国生，郑雅丽，李龙，等，2017.层状盐岩储气库造腔设计与控制［M］.北京：石油工业出版社.

黄伟和，刘文涛，司光，等，2010.石油天然气钻井工程造价理论
　与方法［M］.北京：石油工业出版社.

黄伟和，2016.钻井工程造价管理概论［M］.北京：石油工业出
　版社.

全国造价工程师执业资格考试培训教材编审委员会，2017.建设工
　程计价［M］.2017年版.北京：中国计划出版社.

《首届地下储气库科技创新与智能发展国际会议论文集》编审委员
　会，2017.首届地下储气库科技创新与智能发展国际会议论文集
　［M］.北京：石油工业出版社.

罗天宝，周志勇，程风华，2006.加强现场签证管理有效控制工程
　造价［J］.石油工程造价管理（2）：33-35.

施锡林，李银平，杨春和，等，2009.盐穴储气库水溶造腔夹层垮
　塌力学机制研究［J］.岩石力学，30（12）：3615-3620.

司光，李峰，黄伟和，等，2013.石油天然气钻井投资控制对策探
　讨［J］.石油工程造价管理（2）：32-35.

朱小明，2013.招标控制价编制方法［J］.工程造价管理，129（1）：
　32-35.

彭少林，王博，2013.建设工程造价管理工作思路和做法［J］.工
　程造价管理，130（2）：20-24.

杨青,2013.试论政府投资项目的签证［J］.工程造价管理,131（3）：
　20-22.

庄艺，2013.论工程变更对财政投资项目工程造价的影响控制［J］.
　工程造价管理，131（3）：29-31.

陈再富，景芙蓉，刘文红，2013.关于大功率压缩机站场建设造价
　控制与管理要点分析［J］.工程造价管理，131（3）：34-37.

雷鉴暄，李少振，李影，2016.石油企业钻井成本有效控制的管理

模式探讨［J］.石油工程造价管理（2）：23-27.

朱荣强，2013.天然气储气库储气规模的确定［J］.山东化工,42（1）：63-65.

刘凯，宋茜茜，蒋海斌,2013.盐穴储气库建设的影响因素分析［J］.中国井盐矿，44（6）：24-26.

徐兴国，杨波，2015.浅析建设项目工程造价全过程控制［J］.石油工程造价管理（2）：30-32.

成渊朝，2017.盐穴地下储气库工程投资控制策略探析［J］.国际石油经济，25（4）：87-91.

杨海军,2017.中国盐穴储气库建设关键技术及挑战［J］.油气储运，36（7）：747-753.

垢艳侠，完颜祺琪，罗天宝，等，2017.层状盐岩建库技术难点与对策［J］.盐科学与化工，46（11）：1-5.

班凡生,2017.盐穴储气库造腔技术现状与发展趋势［J］.油气储运，36（7）：754-757.

李建君，陈加松，刘继芹，等，2017.盐穴储气库天然气阻溶回溶造腔工艺［J］.油气储运，36（7）：816-823.

刘继芹，刘玉刚，陈加松，等，2017.盐穴储气库天然气阻溶造腔数值模拟［J］.油气储运，36（7）：825-831.

郑雅丽，赵艳杰，丁国生，等，2017.厚夹层盐穴储气库扩大储气空间造腔技术［J］.石油勘探与开发（2）：137-143.